旅游规划生物多样性影响评价方法与实践

环境保护部环境工程评估中心　著

中国环境科学出版社·北京

图书在版编目（CIP）数据

旅游规划生物多样性影响评价方法与实践/环境保护部环境工程评估中心著. —北京：中国环境科学出版社，2012.1
ISBN 978-7-5111-0808-1

Ⅰ. ①旅… Ⅱ. ①环… Ⅲ. ①旅游资源开发—影响—生物多样性—评价—研究 Ⅳ. ①F590.3②Q16

中国版本图书馆 CIP 数据核字（2011）第 247982 号

责任编辑 黄晓燕
文字编辑 张维娣
责任校对 扣志红
封面设计 玄石至上

出版发行 中国环境科学出版社
（100062 北京东城区广渠门内大街 16 号）
网 址：http://www.cesp.com.cn
联系电话：010-67112735，67112765（总编室）
发行热线：010-67125803 010-67113405（传真）
印 刷 北京市联华印刷厂
版 次 2012 年 1 月第 1 版
印 次 2012 年 1 月第 1 次印刷
开 本 787×960 1/16
印 张 14.5 彩插 6
字 数 260 千字
定 价 42.00 元

前　言

2007—2010 年，环境保护部环境工程评估中心参与了中国—欧盟生物多样性合作项目。该项目由中国商务部、环境保护部、欧盟和联合国开发计划署共同发起，是迄今欧盟资助的最大规模的海外生物多样性保护项目。项目于 2005 年 6 月启动，为期 5 年，旨在通过加强生物多样性管理，保护中国特殊的生态系统。

项目组在四川省开展了规划环评中生物多样性评价的示范研究工作，着重探讨了如何将生物多样性评价纳入专项开发规划的环境影响评价中，从而实现在宏观层面上更好地保护生物多样性资源。本书收录了项目组针对四川省甘孜藏族自治州旅游发展总体规划环境影响评价中生物多样性评价的主要研究成果，包括方法篇和实践篇两部分。其中，实践篇全面描述了项目组实施甘孜州旅游发展总体规划环境影响评价的情况，着重突出了生物多样性评价的有关内容；方法篇是在甘孜州案例实践经验的基础上，充分借鉴国内外生物多样性评价方法后提出的针对旅游规划生物多样性影响评价的操作性指南。

参与本项目的单位及项目组成员包括：

环境保护部环境工程评估中心：陈帆、赵欣丰、詹存卫、姜昀、梁鹏、耿海清、刘杰、仇昕昕、蔡斌彬、李飒。

四川省环境工程评估中心：高洁、王红磊、熊伟、黄庆、何林、胡蓉、姚远、张丹丹。

中国水电顾问集团成都勘测设计研究院：卢红伟、孙大东、李亚农、杨玖贤、李舸、陈明曦、何涛、吴文佑。

黑龙江省环境监测中心站：程仑。

保护国际中国项目：王昊。

感谢欧盟驻中国代表团为示范项目顺利实施提供的资金保障，并感谢联合国开发计划署驻中国办事处及中欧生物多样性项目支持办公室提供的管理支撑。在项目实施及本书编写过程中，甘孜州环境保护局谭勇副局长、四郎巴登副局长、甘孜州环境工程评估中心杨忠林主任、英国交通研究实验室可持续发展中心Holger Dalkmann先生和中国环境科学研究院王家骥研究员给予了大力协助和技术支持，项目组在此表示衷心地感谢。

目　录

第一部分　方法篇

旅游规划环境影响评价技术指南（以生物多样性评价为重点）

1　**概述**……3

　1.1　相关定义及说明……3

　1.2　评价的指导原则……4

　1.3　评价工作的技术路线……5

　1.4　评价范围及时段……6

　1.5　相关技术标准……7

2　**规划分析**……8

　2.1　规划梳理……8

　2.2　规划的协调性分析……8

3　**环境影响评价主要内容**……9

　3.1　现状调查与评价……9

　3.2　环境影响识别及评价指标体系……12

　3.3　环境影响预测与分析……13

　3.4　旅游容量分析……15

　3.5　规划合理性论证……15

4　**环境保护措施及跟踪评价**……16

　4.1　环境保护措施……16

　4.2　跟踪评价……16

5　**公众参与**……18

　5.1　原则……18

　5.2　对象……18

　5.3　公众参与的程序和主要内容……18

　5.4　征求公众意见的形式及要求……19

　5.5　公众参与意见的反馈与落实……19

5.6 公众参与的方式 19
6 规划环评文件编写要求 20
6.1 内容要求 20
6.2 编写质量要求 20
6.3 图件要求 20
参考文献 44

第二部分 实践篇

四川省甘孜藏族自治州旅游发展总体规划（2000—2015 年）环境影响报告书（欧盟生物多样性保护示范项目）

1 总则 47
1.1 项目背景 47
1.2 评价对象 47
1.3 编制依据 48
1.4 评价目的 50
1.5 评价原则 50
1.6 评价水平年 51
1.7 评价范围 51
1.8 环境保护目标 52
1.9 环境敏感保护对象 52
1.10 重点工作内容 53
1.11 规划评价工作程序 54
2 规划概述 55
2.1 规划背景 55
2.2 规划范围 56
2.3 规划区旅游资源概述 56
2.4 规划目标 58
2.5 规划总体布局 59
2.6 规划内容 60
2.7 规划实施回顾性评价 76
2.8 汶川地震对甘孜州旅游业的影响 81

2.9 甘孜州旅游业发展趋势……82
3 规划相容性分析……83
3.1 外部协调性分析……83
3.2 内部协调性分析……90
3.3 规划分析结论……90
4 环境现状调查与评价……92
4.1 环境概况……92
4.2 主要规划景区所在区域自然环境概况……98
4.3 典型旅游区生态、开发现状……110
4.4 生态功能分区……120
4.5 环境质量现状……121
4.6 环境发展趋势分析……122
4.7 环境制约因素分析……123
5 环境影响识别及评价指标体系……125
5.1 规划活动内容……125
5.2 环境影响因素识别……125
5.3 评价因子筛选……126
5.4 评价指标体系……127
6 甘孜州典型景区生态环境影响分析……131
6.1 燕子沟景区……131
6.2 稻城亚丁景区……137
7 旅游环境承载力分析……143
7.1 旅游环境承载力评价指标……143
7.2 旅游环境承载力分项评价……144
7.3 旅游环境承载力综合评价……150
8 生物多样性影响分析……154
8.1 景观生态体系弹性度变化分析……154
8.2 对栖息地影响分析……165
8.3 对陆生植物的影响……166
8.4 对陆生动物的影响……167
8.5 对鱼类资源的影响……168
8.6 对遗传多样性的影响……168
8.7 生物多样性风险分析……169

9 其他环境影响分析......170
9.1 生态影响分析......170
9.2 废气、废水、噪声和固废环境影响分析......172
9.3 社会环境影响分析......173
10 规划环境合理性综合论证......175
10.1 旅游环境容量合理性分析......175
10.2 规划空间布局的环境合理性分析......176
10.3 规划优化建议......176
11 规划环境保护对策及建议......178
11.1 规划景区建设项目选址的管理要求......178
11.2 规划景区建设生物多样性保护对策措施......179
11.3 景区环境污染减缓措施......181
11.4 游客的管理和控制措施......181
11.5 环境保护管理计划......182
12 公众参与......185
12.1 公众参与的目的与原则......185
12.2 公众参与对象和内容......186
12.3 公众意见的落实与反馈......189
12.4 公众参与意见落实情况......193
12.5 小结及建议......193
13 综合评价结论及建议......195
13.1 甘孜州旅游发展总体规划环境影响评价综合结论......195
13.2 对下一步工作的建议......199

第一部分　方法篇

旅游规划环境影响评价技术指南（以生物多样性评价为重点）

进行旅游开发活动的区域，尤其是进行生态旅游开发的区域往往是生物多样性丰富的区域。不适当的旅游开发活动将不可避免地对区域内的生物多样性带来不良影响，如影响和破坏野生动物的栖息环境与迁徙路线，使野生生物数量、种类减少；影响和破坏自然生态系统的结构和功能等。《中华人民共和国环境影响评价法》《规划环境影响评价条例》等法律、法规中明确规定旅游规划应开展环境影响评价。而在旅游规划环评中加强生物多样性影响评价，对于生物多样性保护，协调旅游资源开发和生态保护的矛盾，进一步完善旅游规划具有十分重要的作用。

本指南是以欧盟战略环境影响评价技术指南的内容框架、我国规划环境影响评价技术导则（包括《规划环境影响评价技术导则——总纲》（征求意见稿））的要求、生物多样性保护理论与方法为依据，在对具体评价案例进行分析的基础上编写而成的。作为国内首个针对旅游规划的环境影响评价指南，且以生物多样性评价为重点，课题组力求将实用性与前瞻性相结合，以期为我国旅游规划环境影响评价的开展提供参考，并为相关技术规范的制定奠定基础。受课题研究时间和空间范围的限制，以及课题组成员知识和经验等方面的局限，指南中难免会存在一些不足甚至纰漏，还需在实践中不断补充完善。

1 概述

1.1 相关定义及说明

1.1.1 旅游规划体系

旅游规划是一个地域综合体内旅游系统的发展目标和实现方式的整体部署，是一类专项规划，由各级旅游行政管理机构组织审查，报请同级政府部门批准。旅游规划包括旅游发展规划和旅游区规划两类；按照行政管理层次，又分为国家、区域和地方三个层级，其中地方包括省级、地市级和县级。

1.1.2 旅游发展规划

旅游发展规划是根据旅游业的历史、现状和市场要素的变化所制定的目标体系，以及为实现目标体系而在特定的发展条件下对旅游发展的要素所做的安排。按规划的范围和管理层次，旅游发展规划分为国家旅游发展规划、区域旅游发展规划和地方旅游发展规划。地方旅游发展规划又可分为省级旅游发展规划、地市级旅游发展规划和县级旅游发展规划等。

1.1.3 旅游区规划

旅游区是以旅游及其相关活动为主要功能或主要功能之一的空间或地域。旅游区规划是指为了保护、开发、利用和经营管理旅游区，使其发挥多种功能和作用而进行的各项旅游要素的统筹部署和具体安排。旅游区规划按规划层次分为总体规划、控制性详细规划、修建性详细规划等。

1.1.4 旅游容量

旅游容量是指在可持续发展前提下，旅游区在某一时间段内，其自然环境、人工环境和社会经济环境所能承受的旅游及其相关活动在规模和强度上的最小极限值。一般包括旅游空间容量、旅游设施容量、生态环境容量和社会心理容量。

1.1.5 生物多样性及影响评价

生物多样性是指所有来源的活的生物体的变异性。这些来源包括陆地、海洋和其他水生生态系统及其所构成的生态综合体，包括遗传多样性、物种多样性和生态系统多样性三个层次。

生物多样性影响评价是对建设项目、区域发展规划实施后产生的生物多样性影响进行的分析、预测和评估，并提出减少这些不良影响的对策措施，通常包括遗传多样性影响评价、物种多样性影响评价和生态系统影响评价三个层次。

1.1.6 旅游规划环境影响评价目的

旅游规划环境影响评价的目的，是在旅游规划编制及政府与旅游主管部门的旅游发展决策过程中，有效辨别拟议的旅游规划可能涉及的环境问题，预防规划实施后可能造成的不良环境影响，在旅游资源及环境容量允许范围内达到旅游资源的科学合理配置，实现旅游业的可持续发展，同时协调旅游业与经济、社会文化及自然生态环境的关系。

1.1.7 指南特点

指南以《规划环境影响评价技术导则——总纲》（征求意见稿）的内容和要求为基础，结合旅游规划的环境影响特点，重点突出了生物多样性现状调查与评价、影响预测与评价的内容和技术方法。为提高实用性，还适当纳入了除生物多样性之外的其他环境因素的评价内容和要求。

1.1.8 指南应用范围

本指南以旅游区总体规划为主要评价对象（以下简称“旅游规划”），各级政府管理部门编制的旅游区总体规划以及其他类型旅游规划的环境影响评价可参考执行。所提出的生物多样性影响评价的有关内容和方法，对于其他规划环评中生物多样性影响评价也具有一定的参考价值。

1.2 评价的指导原则

1.2.1 科学与公正原则

旅游规划环境影响评价必须科学、客观、公正，综合考虑规划实施后对各种环境要素及其所构成的生态系统可能造成的影响，为决策提供科学依据。

1.2.2 一致性原则

旅游规划环境影响评价的内容与深度应当与规划的层次和其环境影响的程度相一致。在评价时应考虑由旅游开发带来的直接、间接或潜在的生态和环境影响。

1.2.3 综合性原则

旅游规划环境影响评价应综合考虑旅游开发活动对社会文化、经济和环境影响的长期性、全局性和显著性。此外，还需评价旅游规划各项行为之间的相互影响。

1.2.4 早期介入原则

对旅游发展规划体系而言，应从国家级旅游发展规划开始自上而下实施环境影响评价；对规划编制过程而言，旅游规划环境影响评价应尽可能在规划编制的初期介入。

1.2.5 保护生物多样性原则

旅游开发活动对生物多样性将会产生重要影响，进行旅游规划环境影响评价时应以物种保护为重点，兼顾基因层次和生态系统层次的保护；物种保护要用现代自然保护理论和方法为指导，以敏感的关键物种的保护为重点，达到总体的生物多样性保护目标。

1.3 评价工作的技术路线

评价工作的技术路线如图 1-1 所示。

1.3.1 准备阶段

收集与旅游规划相关的政策、法规及国民经济发展规划，对规划方案进行分析，对规划区环境进行初步的现状调查，并初步识别规划实施的环境影响，确定评价的范围、重点内容及相应的评价方法，查明环境目标和保护对象，构建评价的指标体系。在此基础上确定评价的技术路线，并根据这一技术路线草拟规划环评实施方案。

1.3.2 评价阶段

在收集到的资料的支持下进行现场调查与评价，确定环境保护目标及评价指标。预测、分析、评价规划方案实施后对不同环境要素可能带来的影响，综合评价规划的布局、开发利用的规模和结构的环境合理性，提出符合规划目标及环境目标的替代方案（一般是在原规划方案基础上进行优化调整后的方案）。并针对替代方案产生的不良环境影响提出避免、减缓和补偿的环保措施。

1.3.3 实施环境监测与跟踪评价

对旅游规划实施后的环境影响进行跟踪监测并作出阶段性的评价，向规划主管或执行部门反馈，以便及时调整规划或进一步完善规划方案。

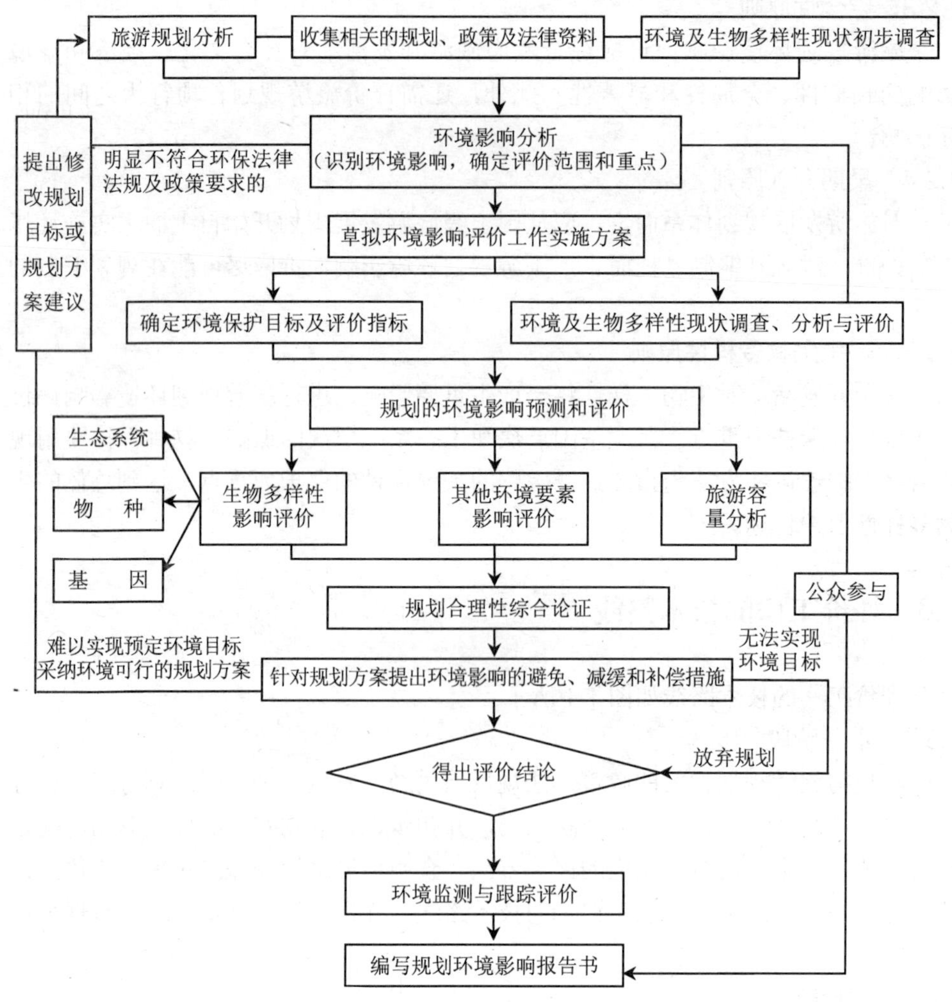

图 1-1　旅游规划环境影响评价技术路线图

1.4　评价范围及时段

在没有敏感区和重要环境保护目标的区域，评价范围与规划区域范围相同，一般包括旅游景区、旅游交通线路等规划实施区域。当涉及跨行政区域的生态功能保护区、自然保护区、水源保护区等环境敏感区和有重要环境保护目标的区域，应适当扩大评价范围以满足目标保护的需要。

评价时段与规划时段应一致，原则上环境影响评价应对旅游规划的近期、中期和远期规划目标分别进行，评价重点为近期规划。

1.5　相关技术标准

GB/T 18971—2003	旅游规划通则
HJ 2.2—2008	环境影响评价技术导则　大气环境
HJ/T 2.3—93	环境影响评价技术导则　地表水环境
HJ 2.4—2009	环境影响评价技术导则　声环境
HJ/T 6	山岳型风景资源开发环境影响评价指标体系
HJ/T 19—2011	环境影响评价技术导则生态影响
HJ 610—2011	环境影响评价技术导则　地下水环境
HJ 130	规划环境影响评价技术导则　总纲
HJ 131—2003	开发区区域环境影响评价技术导则

2 规划分析

2.1 规划梳理

2.1.1 简要介绍规划编制的背景和定位，详细说明规划的旅游业发展目标和发展策略；规划预测的客源市场需求总量、地域结构、消费结构及其他结构；旅游发展重点项目及其空间与时序的安排；旅游基础与服务设施的发展方向与布局；规划实施的保障措施等。

2.1.2 从规划环境影响评价角度对规划进行解析，明确规划中可能引发环境影响的重点内容。

2.2 规划的协调性分析

2.2.1 筛选出与本规划相关的法律法规、环境经济技术政策；分析规划在旅游规划体系中的层级，筛选出在资源环境条件上与本规划相关的规划。筛选时应注意相关政策、规划的法律效力及其时效性。

2.2.2 分析规划发展目标、景区布局、景区容量等各规划要素与国家级、省级、地市级国民经济和社会发展规划、上层位旅游规划、区域城镇总体规划、自然保护区规划、风景名胜区规划，以及环境保护规划、生态建设规划、湿地保护规划等的符合性与协调性，重点分析规划之间的冲突和矛盾。

2.2.3 规划协调性分析的方式和方法主要有：核查表、叠图分析、矩阵分析、专家咨询等。

3 环境影响评价主要内容

3.1 现状调查与评价

3.1.1 调查范围

环境现状调查与评价范围一致，在没有敏感区和重要环境保护目标的区域，调查范围与规划区域范围相同；当涉及重要栖息地、自然保护区、水源保护区等环境敏感区和有重要环境保护目标的区域，应适当扩大调查范围以满足目标保护的需要。

3.1.2 生物多样性现状调查、评价内容与方法

3.1.2.1 调查要求

生物多样性现状调查内容和调查范围遵循的基本原则是：与旅游规划实施涉及的区域及其主要内容相关，并针对旅游规划中重点实施区域开展相关工作。具体要求如下：

（1）生物多样性调查应包括陆生生态系统的生物多样性和水生生态系统的生物多样性调查；

（2）野外抽样调查要考虑植物、植被、生态系统类型等级和空间分布格局；

（3）野外抽样调查数量要有一定的重复性，能基本满足统计分析的要求；

（4）物种调查到种一级，植被类型调查到群系一级；

（5）资料收集尽量能反映该区域的生物多样性演变过程与动态；

（6）要尽量调查该区域生物多样性及重要物种与人类活动的关系。

3.1.2.2 调查内容

（1）植物与植被调查：应包括植物名录、植被状况、区域植物多样性现状等。重点调查野生珍稀、濒危、保护植物和地方特有植物，以及入侵植物的种类、数量、分布、生境特征等；植被主要指各种植被类型的物种组成、覆盖率、生产力、生物量等。

（2）动物调查：应包括动物名录、栖息地、区域动物多样性现状等。重点调查野生珍稀保护、特有动物的种类、数量、分布、生活习性、完成生活史的不同阶段对环境条件的不同需求等。

（3）生态系统调查：内容包括生态系统类型、结构、生态功能和生态服务功能；自然系统的生态完整性、自维持能力与生态承载力；与周边生态系统关系及生态限制因素；独特性分析；以及生态系统区划现状等。

（4）敏感保护目标调查：包括环境敏感区和重要环境保护目标两大类。法定需要特殊保护区、生态敏感和脆弱区等敏感区要调查的区域位置、范围、主要保护对象、存在的主要问题和相关管理措施，及其与旅游规划的相互关系等。

（5）区域生物多样性状况：应包括被调查区域是否纳入“国际生物多样性热点地区”《中国生物多样性保护行动计划》《全国生态环境保护纲要》等生物多样性保护法律、法规规划的重点区，以及调查区域主要生物多样性类型等。

（6）规划区域生物多样性保护的历史和发展趋势调查。旅游活动对区域生物多样性已经造成的影响和存在的主要问题包括：对野生动植物资源的影响、存在的生态问题，以及对环境敏感区造成的干扰等。

3.1.2.3 调查方法

（1）资料收集

①收集现有资料。从农、林、牧、渔业资源管理部门、专业研究机构收集生态和资源方面的资料，包括生物物种清单和动物群落、植物区系及土壤类型、相关图鉴等资料。

②收集各级政府部门有关自然资源、自然保护区、珍稀和濒危物种保护的规划或规定，以及环境保护规划、环境功能区划、旅游规划、生态功能规划及国内国际确认的有特殊意义的栖息地和珍稀、濒危物种等资料，并收集国际有关规定等资料。

③访问专家，解决调查和评价中高度专业化问题（如物种分类鉴定）和疑难问题。

（2）野外调查

①野外调查。生物多样性影响评价需要进行现场调查，取得实际的资料和数据。评价区生物资源、生态系统结构的调查可采用现场踏勘考察和网格定位采样分析的传统自然资源调查方法。景观资源调查需拍照或录像，取得直观资料。

②采取定位或半定位观测，如候鸟迁飞等。

（3）“3S”技术

在所收集的资料和 GPS 支持下建立判译标志，进而建立地理信息系统进行整理和分析，并进行野外精度验证，以采集并核实区域的有关信息。

3.1.2.4　具体调查方法

描述见附录 A。

3.1.2.5　生物多样性现状评价内容及方法

以调查获得的自然系统的生态完整性本底值（自然生产力和自维持能力）和保护目标的生理生态需求为类比标准，用实测和调查情况为现状值，进行现状评价。

3.1.2.6　具体评价内容和方法

见附录 A。

3.1.3　社会经济现状调查

社会经济现状调查应重点调查评价范围内的社会经济、文化背景和区域旅游业发展现状，包括：特色旅游资源的规模与分布，现有旅游产业规模，当前旅游发展中的重点开发区域，旅游资源与环境保护的主要措施等，并附相应图件。

3.1.4　区域环境现状调查

（1）一般自然环境状况调查内容主要包括评价范围内的地质、地貌情况，河流、湖泊（水库）、海湾的水文情况，气候与气象情况等。

（2）资源分布与利用状况调查应重点调查评价范围内的旅游资源和景观资源的地理位置、范围，水资源总量、时空分布和开发强度，并附相应图件。

（3）环境质量现状调查应明确评价范围内的以下内容：

① 水环境功能区划及各功能区水质达标情况，主要水污染因子和特征污染因子，并附水环境功能区划图。

② 大气环境功能区划及各功能区环境空气达标情况，主要污染因子和特征污染因子，并附大气环境功能区划图。

③ 声环境功能区划及各功能区达标情况，并附声环境功能区划图。

④ 主要土壤类型，土壤污染的主要来源及其质量现状。

（4）根据评价范围内资源供需状况、环境功能区达标状况、土壤和生态功能区现状，分析目前区域主要环境问题。

3.1.5　上一轮规划实施情况以及环境影响回顾性分析

对于已开发区域应结合区域旅游开发的历史或上一轮规划的实施情况，对区域生态系统的演变和环境质量的变化情况进行分析，总结旅游环境保护的政策和措施的执行情况及效果。重点分析区域存在的主要环境问题与现有旅游开发模式、景点布局、游客规模等方面的关系。

3.2 环境影响识别及评价指标体系

3.2.1 基本要求

按照全面性、层次性、代表性原则，识别规划实施可能影响的资源-环境要素，建立规划要素与资源-环境要素之间的关系，初步判断影响的范围和性质，确定评价时段、评价重点、评价因子，建立评价指标体系。

3.2.2 环境影响识别

3.2.2.1 评价时段识别

评价时段与规划时段一致，应分别对旅游规划的近期、中期和远期规划目标进行评价，重点评价时段为近期。

3.2.2.2 主要环境影响特点识别

通过分析旅游规划方案，初步识别主要旅游活动的环境影响特点，并确定重点评价内容，参见附录 B。

3.2.2.3 环境影响评价因子筛选

生态环境因子应考虑自然保护区等生态环境敏感区域的结构、功能、稳定性、生物多样性等；资源因子包括旅游资源（地理景观、生物景观、水体景观、遗址遗迹、建筑与设施）、水资源、土地资源、生物资源、矿产资源等；环境要素包括水环境、大气环境、土壤环境、声环境、社会环境等。

3.2.3 评价指标确定

（1）借鉴国内外研究成果，在充分识别环境影响的基础上，结合规划区域的环境背景及规划的环境目标，针对旅游规划可能带来的自然环境、社会经济及文化影响确定评价指标体系。

（2）评价指标的选取应科学、客观、合理，符合规划目标要求，其内容应该能够客观地反映规划区域的环境特点。

（3）评价指标的选取应充分考虑旅游开发对目的地的自然环境、社会经济及文化的影响，能够充分反映各个系统之间的联系。

（4）选取的评价指标应简洁实用，可获取、可测量、可调控，定性指标与定量指标相结合，便于进行客观判断。

（5）指标的选取要具有明晰的层次性，且层内指标也应适当区分主次。

（6）参考的指标体系见附录 C。

3.3　环境影响预测与分析

旅游开发对生物多样性的影响极为突出，因而在旅游规划环境影响预测评价与分析中，将生物多样性评价作为核心内容之一。

3.3.1　生物多样性影响评价

3.3.1.1　生物多样性影响评价的目的

通过对评价范围内陆生、水生动植物种类、资源以及生态系统、生态敏感区域等的调查和现状评价，根据生物多样性和生态完整性的理论，从宏观的角度预测分析旅游规划的实施对评价区域生物多样性和生态系统完整性的影响，并提出切实可行的保护措施，为生物多样性保护和区域的可持续发展提供可靠的科学依据。

3.3.1.2　生物多样性影响预测评价要求

（1）根据现状调查评价结果及旅游业开发的特点，预测景区景点旅游设施建设运营、旅游活动对自然植被和农业植被、陆生植物的区系成分、种群数量以及是否对珍稀濒危植物造成不利影响。

（2）根据现状调查评价结果及旅游开发的特点，分析评价区域陆生动物的现状情况及发展变化趋势，根据景区景点布置情况，预测规划实施后，陆生动物栖息环境的变化。预测各项建设及旅游活动对区域陆生动物的分布、栖息地、种类、群落、区系的影响，重点分析对珍稀保护动物的影响。

（3）根据规划实施后对涉及河流、湖泊的影响程度及本区域水生生物，尤其是鱼类分布、资源量等方面的现状，预测旅游开发可能对水生生物的区系成分、种群数量、资源量和珍稀鱼类产生的影响，重点分析对流域珍稀、濒危、特有鱼类的影响。

（4）分析规划重点开发景区与自然保护区的位置关系和生态学关系，根据景区规划建设项目和配套交通以及接待设施建设的占地面积，结合自然保护区保护对象的特点，分析旅游规划对自然保护区产生的压力，预测规划建设期和运营期对自然保护区生物多样性保护的影响。

3.3.1.3　主要评价内容

（1）生态系统影响评价。对生态系统的影响评价主要是评价旅游开发对生物生境的影响，一般包括旅游景区建设活动对栖息地的占用与破坏、旅游活动对栖息地的扰动影响两部分。可采用图形叠置法重点分析旅游开发对重要生态系统（关键栖息地，物种多样性丰富度较高区域）的影响。此外还需从生态完整性、稳定性角度预测区域生态体系及生态系统组成和生态功能的变化趋势。

（2）物种多样性影响评价。对物种多样性影响应根据景区建设、旅游活动特点选取重点，分别对陆生生物、水生生物的影响进行分析评价。应在种群生存力分析和最小可存活种群理论支持下，确定关键敏感种，评价规划实施对敏感种（食物链金字塔顶上的物种）栖息面积和多样生境的影响，预测评价对生物多样性的影响。

（3）基因多样性影响评价。通过统计规划实施新增区域植被类型斑块数量及分布位置，分析斑块连续性、连通性程度变化，预测对生物基因的交流影响，分析开发活动对区域动物迁徙路径以及生态廊道是否产生新的阻隔影响。

（4）生物多样性风险分析。旅游活动产生的生物多样性风险主要来自于旅游开发过程中带来的外来物种入侵风险。通过对外来物种生态生理习性以及区域生境特点的分析，评价外来物种对当地物种的潜在危害。

3.3.1.4 评价方法

常用的评价方法包括景观生态学评价法、生态机理分析法、叠图法等。具体见附录 D。

3.3.2 其他环境影响评价与方法

（1）依据现状调查与评价的结果，结合区域旅游业发展回顾性分析的结论，同时考虑自然因素和经济发展因素，设置不同的发展情景，估算不同发展情景下的开发强度，即旅游资源的需求量和污染物的排放量，以及对环境的影响方式和影响强度。

（2）预测不同开发强度对水环境、大气环境、土壤环境、声环境的影响，明确影响的程度与范围，评价规划实施后评价区域环境质量能否满足相应功能区的要求。

（3）预测不同开发强度对自然保护区、饮用水水源保护区等环境敏感区和重点环境保护目标的影响，评价其是否符合保护要求。

（4）环境影响预测与评价的方式和方法：类比分析法、趋势外推法、系统动力学法、环境数学模型法（可参照各环境要素的环境影响评价技术导则）、投入产出分析法、情景分析法等。

3.3.3 社会经济影响分析

（1）根据旅游规划的具体情况，分析旅游开发带来的社会效益和经济效益及其对区域经济结构发展的作用和影响。

（2）分析评价规划方案对本地区社会发展进步的影响和作用，包括区域人口发展、改善生活质量等方面。

（3）预测规划实施对当地交通线路、公路长度、公路等级、交通能力的影响。

（4）分析规划方案对经济与环境、社会协调发展的作用。

（5）预测规划实施对当地现有景区、景点、名胜古迹的影响范围及程度。

（6）分析规划实施后可能引入的外来文化意识对当地民风、民俗、思想意识及信仰的影响。

（7）分析景区景点建设和旅游活动对当地民族文化设施、寺庙、文化遗迹等的影响。

（8）可采用实地调查、统计法、类比分析法、规划经济评价法、生态经济学方法、资源承载能力分析、可持续发展能力评估等方法进行分析。

3.4　旅游容量分析

旅游容量反映了规划区域在一定条件下，所能承受的旅游者人数或者说旅游活动的强度，主要可以分为旅游空间容量、旅游设施容量、生态容量和社会心理容量等四类。规划环境影响评价的重点是生态容量。

分析生态容量时，要考虑规划区域自然系统生态完整性维护的阈值、敏感资源单体的弹性限值，兼顾旅游用地类型、旅游用地面积、人文环境特征、游客类型、旅游淡旺季和管理水平等因素。

旅游容量的量测方法见附录 E。

3.5　规划合理性论证

3.5.1　与相关法律法规、规划的符合性

在影响评价结论的基础上，分析规划与环境保护和可持续发展政策、法规和规划，以及当地生态环境功能区划的协调性和相容性。

3.5.2　规划目标的环境合理性

根据各专题预测和评价的结果，分析各评价指标以及环境目标的可达性，从而分析规划的目标、战略和发展方向的环境合理性。针对规划中不合理的因素提出调整建议。

3.5.3　规划规模的环境合理性

从旅游容量、生态完整性维护和包括生物多样性保护在内的敏感资源单体保护以及规划区域生态功能和价值等方面，评价旅游资源的开发利用能否为环境和资源所承受，分析旅游产品结构和规模的环境合理性。

3.5.4　规划空间布局的环境合理性

分析旅游规划空间布局安排，特别是重点建设项目布局与当地土地条件、生态功能区、环境功能区和环境敏感区的关系；评价旅游规划布局是否与环境功能区划相一致，是否影响到各生态功能区的功能。基于上述分析，确定规划布局的环境合理性。

4 环境保护措施及跟踪评价

4.1 环境保护措施

4.1.1 总体要求

根据前述各章的分析和评价结果，提出规划方案的调整建议；对下一级规划提出环境保护要求。对环境可行的推荐方案进一步提出环境影响减缓措施。在拟定环境保护对策与措施时，应遵循“预防为主、生态优先”原则，重点针对长期性、累积性不利环境影响，从预防、减缓和修复补偿三个层次提出环境保护措施。

4.1.2 预防措施

对规划方案提出调整意见或建议，提出相关政策、机制、管理等要求，以消除规划方案的环境缺陷。如景观资源保护范围的划定、旅游设施、基础设施建设项目选址的要求、旅游区游客管理要求、旅游资源开发利用的保护原则和要求、旅游资源的视觉景观保护要求等。

4.1.3 减缓措施

通过行政监督、经济手段、技术方法等各方面措施，控制或降低不良环境影响。如水环境污染治理、环境空气污染治理、噪声防治、固体废弃物处置设施建设等方面的要求和措施。

4.1.4 修复补偿措施

尽可能地采取有效措施进行恢复补救，使受影响的环境因子恢复原有功能。如开展栖息地恢复。

4.2 跟踪评价

4.2.1 规划建设单位应对规划环境影响进行跟踪评价。规划评价单位在编制规划环境影响评价文件时，应拟订跟踪评价方案。

4.2.2 跟踪评价方案应明确评价的时段、工作重点、组织形式（包括具体监督和实施单位）、资金来源、管理要求等内容。

4.2.3 跟踪评价方案的内容。

（1）对规划实施后已经或正在造成的环境影响的监控要求，提出回顾性评价的具体内容。包括旅游景区开发带来的物种损失监控、生态系统结构和功能变化的监控，回顾性分析规划实施对生物多样性的影响；旅游景区旅游人数和旅游活动的监控，验证旅游容量分析结果的正确性。

（2）对规划实施中所采取的预防、避免或者减轻不良环境影响的对策和措施的有效性进行调查和分析。对报告书提出的环境保护目标进行跟踪监控，分析环境目标的保护情况。

5 公众参与

5.1 原则

公众参与应遵循公开、平等、广泛和便利的原则。

5.2 对象

公众参与对象可以包括有关部门代表、专家、受规划影响的公民和社会团体。确定公众参与对象时应当综合考虑地域、职业、专业知识背景、表达能力、受影响程度等因素，还应充分考虑时间因素和人力、物力、财力等条件。

5.3 公众参与的程序和主要内容

5.3.1 公开规划的环境信息

在开展规划环境影响评价中，应尽早向公众公开该规划及其有关的环境信息。公开的信息主要包括规划情况简述；规划对环境可能造成的影响；征求公众意见的范围、起止时间和具体形式。

发布环境信息公告的方式通常包括在规划所在地的公共媒体上发布公告；公开免费发放包含有关公告信息的印刷品；以及其他便利公众知情的信息公告方式。

5.3.2 公开环境影响报告书简本

在规划环境影响评价工作基本完成后，应向公众公开该规划环境影响报告书简本。公开的简本应包括规划的环境影响预测分析结论要点；预防或者减轻不良环境影响的对策和措施要点；规划资源环境合理性结论要点；征求公众意见的范围、起止时间和具体形式。

公开环境影响评价报告书简本的方式通常包括在特定场所提供环境影响报告

书简本；制作包含环境影响报告书简本的专题网页；在公共网站或者专题网站上设置环境影响报告书简本的链接；以及其他便于公众获取环境影响报告书简本的方式。

5.4 征求公众意见的形式及要求

应在发布信息公告、公开环境影响报告书简本后，公开征求公众意见。征求的意见主要包括公众关心的环境问题；公众对拟议规划环境影响的意见；公众对规划的环境影响减缓措施的意见；公众对环境可行的规划方案的态度和修改建议等。

5.5 公众参与意见的反馈与落实

对通过多种渠道汇集来的不同意见均予以记录，并在报告成果中如实描述；对与环境有关的意见和建议进行归类和汇总分析，针对采纳的意见提出具体的处理意见和措施，对未采纳的意见予以解释说明；将涉及环境保护以外的意见，转交有关部门。

报告书编制完成前，在省、地市媒体和省、地市政府网站发布公众意见的反馈公告，并公示所有公众意见、采纳或不采纳理由以及非环境相关意见的去向。

5.6 公众参与的方式

专家咨询、问卷调查及现场走访调查、座谈会、论证会、听证会、大众传媒，包括广播、电视、网络等。

6 规划环评文件编写要求

6.1 内容要求

文件应包含总则、拟议规划的概述、规划实施环境影响分析、环境现状调查与评价、环境影响预测与评价、规划方案环境合理性综合分析、规划调整建议和减缓措施、环境监测与跟踪评价、公众参与、困难和不确定性、执行总结等方面的内容。

6.2 编写质量要求

文件编写要求文字简洁、数据翔实可靠、结论清晰准确。

6.3 图件要求

评价成果需要用图件表示时，图件的比例尺和质量需满足评价工作的要求，建议与规划中图件的比例尺或质量一致。必要时，应适当扩大比例尺。

附录 A
生物多样性现状调查与评价方法

虽然生物多样性可分为不同的层次并可对这些不同层次开展独立研究，但物种水平是生物多样性的中心，它是生物多样性最主要的结构和功能单位。旅游规划环境影响评价中，需重点对物种和生态系统层次上的生物多样性展开调查和评价。

1 物种多样性调查与评价方法

1.1 陆地植物的样方调查和物种多样性指数

1.1.1 快速评估法

近年来，生物多样性的快速评估方法（rapid biodiversity assessments）得到广泛关注。这种方法能够提供生物多样性在迅速动态过程中的物种变化信息，从而为物种保护提供有效的数据。生物多样性快速评估的方法多样，一般根据研究内容和目的而确定。通常，生物多样性快速评估采用生物多样性快速编目（rapid biodiversity inventory）的办法，主要是在充分运用动物志、植物志、真菌志、树木志、植被图谱、农业区划等工具书籍的基础上，邀请有关专家参加，并尽可能地吸收当地的有关知识，从而较为准确快捷地进行生物多样性编目。快速编目适合于对区域性的物种和生态系统的多样性的编目。具体操作方法是由 3～8 人根据研究目的和内容而定，组成一个研究小组，收集研究地区的有关资料，准备必要的工具书籍，邀请 1～3 名专家和 1～2 位当地较有经验的村民参加考察，实地考察时研究队伍可根据调查内容和目的分成 2～3 组现场记录生物种名、生态系统类型的名称等，询问当地认识和利用野生动植物及周围各种自然资源的情况。有关现场调查及生物多样性评价方法分述如下。

1.1.2 植物的样方调查和物种多样性指数

1.1.2.1 植物样方设定原则及要求

自然植被经常需进行现场的样方调查，样方调查中首先须确定样地大小。一般草本的样地在 1 m^2 以上；灌木样地在 10 m^2 以上；乔木样地在 100 m^2 以上，样地大小依据植株大小和密度确定。其次须确定样地数目。样地的面积须包括群落的大部分物种，一般可用种与面积的关系曲线确定样地数目。样地的排列有系统排列和随机排列两种方式。样方调查中“压线”植物的计量须合理。

在样方调查（主要是进行物种调查、覆盖度调查）的基础上，可用物种的重要值和物种多样性植物来描述物种的数量特征及进行多样性评价。

样方调查方法一般为：在评估区内设置若干条垂直和水平方向的、贯穿不同生境的样线，样线的设置采取典型抽样法；调查者沿样线观察前进，填写认识植物的名称、丰度、海拔并定点；采集当时无法鉴定的植物，摄影相应植物与其生境（一般情况下尽量少采集标本）。根据调查区的植被情况，用典型抽样法布设若干条垂直方向的样线，调查时样线由低向高进行，直至植被分布的上限。在样线上设若干个 20m×20m 或 10m×10m 的样方，进行植物群落调查。样方布设原则如下：

（1）在植被调查样线的起点、终点分别设置样方；

（2）在植物群落类型（群系组）发生变化的地点布设样方；

（3）在每一种群落类型内的典型地段布设样方。

对每个样方用 GPS 定位，记录内容包括样方所处的位置、坡型、坡向、坡度、乔木层总郁闭度、建群树种种类、株数、平均胸径与平均高度。

在每个样方内设置呈“品”字形分布的 5m × 5m 或 2m × 2m 的小样方调查灌木种类、盖度与高度；同时设置“品”字形分布的 1m × 1m 的小样方调查草本层种类、盖度与高度。

1.1.2.2 植物样方调查数据的处理

对于样方调查获得的有关数据，可以进行如下的处理，得到相关的计算结果，以表征样方中植物物种的有关特征。

物种密度 = 个体数目/样地面积

相对密度 = （一个种的密度/所有种的密度）×100%

优势度 = 底面积（或覆盖面积总值）/样地面积

相对优势度 = （一个种的优势度/所有种的优势度）×100%

频度＝包含该种样地数/样地总数

相对频度 = （一个种的频度/所有种的频度）×100%

重要值 = 相对密度+相对优势度+相对频度（重要值是评价植物种群在群落中作用的一项综合性数量指标，它是植物种的相对盖度、相对频度和相对密度的总和）

物种丰富度 = 物种数目/样地面积

数量丰度 = 物种数目/所有物种的个体数或生物量

物种均匀度 = 群落的实测多样性/最大多样性

1.1.3 植物物种多样性指数及计算

物种多样性是反映群落组织化水平，继而通过结构与功能的关系间接反映群落功能特征的指标。在旅游规划环境影响评价工作中，简单实用的物种多样性指数可采用下列方式：

生物多样性测定主要有三个空间尺度：α-多样性，β-多样性，γ-多样性。

α-多样性是在栖息地或群落中的物种多样性，常用的反映物种多样性的指数。包括物种丰富度指数、Simpson 指数和 Shannon-Wiener 指数，前者是物种多样性测度中较为简单且生物学意义明显的指数，具体原理和方法可参考陈灵芝、马克平编著的《生物多样性科学（原理与实践）》以及马克平编著的《生物多样性研究的原理与方法》。

β-多样性是度量在地区尺度上物种组成沿着某个梯度方向从一个群落到另一个群落的变化率。它可以定义为沿着某一环境梯度物种替代的程度或速率、物种周转率、生物变化速率等。β-多样性还反映了不同群落间物种组成的差异，不同群落或某环境梯度上不同点之间的共有种越少，β-多样性越大。测度群落 β-多样性的重要意义在于：（1）它可以反映生境变化的程度或指示生境被物种分割的程度；（2）β-多样性的高低可以用来比较不同地点的生境多样性；（3）β-多样性与 α-多样性一起构成了群落或生态系统总体多样性或一定地段的生物异质性。β-多样性的计算方法也有很多。

γ-多样性反映的是最广阔的地理尺度，指一个地区或许多地区内穿过一系列的群落的物种多样性。

本报告主要介绍了 α-生物多样性测定方法如下。

（1）丰富度指数，目前，应用较多的丰富度指数包括：

Gleason（1922）指数：

$$D=S/\ln A$$

式中：A —— 样地面积；

S —— 群落中的物种数目。

Margalef 指数（1951，1957，1958）：

$$D=(S-1)/\ln N$$

式中：S —— 群落中的总种数；

N —— 观察到的个体总数（随样本大小而增减）。

（2）多样性指数

多样性指数是反映丰富度和均匀度的综合指标。应指出的是，应用多样性指数时，具低丰富度和高均匀度的群落与具高丰富度和低均匀度的群落，可能得到相同的多样性指数。下面是常用的计算公式：

Shannon-Wiener 指数：

$$H=-\sum_{i=1}^{s}P_i\log_2 P_i$$

Pielou 指数（均匀度指数）：

$$E = H/\ln S$$

Simpson's 指数（优势度指数）：

$$D = 1 - \sum_{i=1}^{s}(N_i / N)^2$$

式中：N_i —— 种 i 的个体数；

N —— 群落中全部物种的个体数；

S —— 物种数目；

P_i —— 属于种 i 的个体在全部个体中的比例。

Simpson's 指数的最低值是 0，最高值是（1–1/S）。前一种情况出现在全部个体均属于一个种的时候，后一种情况出现在每个个体分别属于不同种的时候。Shannon-Wiener 指数包含两个因素：其一是种类数目，即丰富度；其二是种类中个体分配上的均匀性。种类数目越多，多样性越大；同样，种类之间个体分配的均匀性增加也会使多样性提高。

1.2 陆地动物物种调查方法

1.2.1 鸟类调查方法

1.2.1.1 路线调查法

根据当地地形特点和人可通行的各类道路条件，以大的山谷河沟为主要方向，利用林区公路、采伐便道和小路等作为调查路线，按每小时行程约 2～3 km 速度步行，目视和利用 10×42 双筒望远镜观察，记录沿途所见鸟类的种类和遇见数量，并用 GPS 分段测定行经地海拔高度。观察时不限定路线宽度，对听到鸟鸣声，虽看不见鸟类，但能确定识别的种类也予以记录；对凭鸣叫声不能识别的种类，或因观察不够详细而确定种类有困难的鸟类个体，则不予以记录。每条调查路线作来回 2 次重复，日步行调查路线长度 15～20 km。乘车转移调查点时对沿途部分地段进行了以记录种类为目的的短时调查。

1.2.1.2 访问调查法

对一些大型的、具有重要经济价值，又隐蔽性强不易被发现的鸟类（主要是鸡形目种类），采用访问调查法。因当地居民对本地栖息的鸡类一般比较熟悉，有较好的了解和识别，因此主要采取结构性和半结构性访谈的方式向当地群众做访问调查。访问对象主要选择有狩猎经验的人员，访谈中的问话尽可能避免影响受调查者的回答。在访谈的同时结合辨认识别鸡形目鸟类图片的方法进行调查，收集调查区域内鸡形目鸟类种类和分布的信息。每个调查区域访问当地居民 3～4 人。

1.2.1.3 快速调查法

根据调查目的，在较有限的时间获取尽可能多的相关数据信息，遵循的基本原则是在每个调查区域中要尽可能地覆盖不同海拔高度与不同植被类型的生境。在本次调查中，调查路线覆盖了850～3 100m海拔高度的多种生境。因调查时间较短，日程紧凑，每天调查时间从早上8：00左右开始，一般到下午18：00左右结束。携带干粮作中途补充，全天工作。

1.2.2 小型兽类调查方法

首先采用夹日法，饵料用玉米、花生粒，为了捕获较多标本，夹子置于洞口或路径上。其次，采用陷阱法捕获食虫类动物，在比较潮湿、林子较密、腐殖质较厚、较低洼的环境埋置塑料小桶。捕获标本用95%的酒精保存动物的组织块，用钢卷尺测量小型兽类的外形量度（包括性别、体重、体长、尾长、后足长、耳高、胎子数及睾丸下降状况）；测量后的标本保存于8%甲醛溶液中，在实验室利用头骨鉴定根据外形不能判定的物种类别的标本。

1.2.3 昆虫调查方法

主要采用网捕和灯诱的方法。白天多使用昆虫网，捕捉白昼活动的类群，如直翅目、半翅目、双翅目等种类；夜晚晴天时，用高压汞灯，诱集晚上活动的类群，如脉翅目、毛翅目和膜翅目的蜂类等类群。采集的昆虫标本，在野外用棉层或三角纸包带回实验室，初步分类后，由国内有关类群研究的专家鉴定。

2 陆地生态系统生产能力估测与生物量测定方法

生态系统生产力、生物量是其环境功能的综合体现。生态系统生产力（或称为净第一性生产力）可以作为生态系统现状评价的类比标准。生物量是衡量环境质量变化的主要标志，是指一定地段面积内（单位面积或体积内）某个时期存活着的有机体的数量。生物量的测定，采用样地调查收割法。

2.1 陆地生态系统生产能力估测

生产能力估测是通过对自然植被净第一性生产力的估测来完成的。净第一性生产力估测方法很多，但还没有公认的模式。本文介绍两种方法。

参考权威著作提供的数据或地方已有成果，我国一些科研人员对一些省区做过净第一性生产力研究，如中科院植物所冯宗炜编著的《中国森林生态系统的生物量与生产力》，中科院热带所董汉飞等人做过海南省不同生境植被的净第一性生产力计算，以及甘肃农业大学针对甘肃省不同生境类型采用典型植被调查方法计算出净第一性生产力的空间分布数据。上述成果可为生产能力本底值的估测提供支持。这种方法的优点是简便实用、易操作。

表 A-1 地球上生态系统的净生产力和植物生物量（按生产力次序排列）

生态系统	面积/10^6 km^2	平均净生产力/[g/（m^2·a）]	世界净生产量/（10^9 t/a）	平均生物量/（kg/m^2）
热带雨林	17	2 000	34	44
热带季雨林	7.5	1 500	11.3	36
温带常绿林	5	1 300	6.4	36
温带阔叶林	7	1 200	8.4	30
北方针叶林	12	800	9.5	20
热带稀树干草原	15	700	10.4	4.0
农　田	14	644	9.1	1.1
疏林和灌丛	8	600	4.9	6.8
温带草原	9	500	4.4	1.6
冻原和高山草甸	8	144	1.1	0.67
荒漠灌丛	18	71	1.3	0.67
岩石、冰和沙漠	24	3.3	0.09	0.02
沼泽	2	2 500	4.9	15
湖泊和河流	2.5	500	1.3	0.02
大陆总计	149	720	107.3	12.3
藻床和礁石	0.6	2 000	1.1	2
港湾	1.4	1 800	2.4	1
水涌地带	0.4	500	0.22	0.02
大陆架	26.6	300	96	0.01
海洋	332	127	420	1
海洋总计	361	153	53	0.01
整个地球	510	320	162.1	3.62

2.2 区域蒸散模式

模型的推导和数学表达式如下：

$$\mathrm{NPP} = \mathrm{RDI}^2 \cdot \frac{r\cdot(1+\mathrm{RDI}+\mathrm{RDI}^2)}{(1+\mathrm{RDI})\cdot(1+\mathrm{RDI}^2)} \times \exp(-\sqrt{9.87+6.25\mathrm{RDI}})$$

$$\mathrm{RDI} = (0.629 + 0.237\mathrm{PER} - 0.003\,13\mathrm{PER}^2)^2$$

$$\mathrm{PER} = \mathrm{PET}/r = \mathrm{BT}\times 58.93/r$$

$$\mathrm{BT} = \sum t/365 \text{ 或 } \sum T/12$$

式中：RDI —— 辐射干燥度；

r —— 年降水量，mm；

NPP —— 自然植被净第一性生产力，t/（hm^2·a）；

PER —— 可能蒸散率；

PET —— 年可能蒸散量，mm；

BT —— 年平均生物温度，℃；

T —— 小于 30℃与大于 0℃的日均值。

2.3　生物量实测

常用的方法为样地调查收割法。森林样地面积为 1 000 m^2，疏林及灌木林样地面积为 500 m^2，草本群落样地面积为 100 m^2。具体方法包括：

（1）皆伐实测法：伐倒样方内所有林木，测定其各部分的材积，并根据比重或烘干重换算成干重。各株林木干重之和，即为林木的植物生物量。这种方法最为精确，可作为标准检查其他测定方法的精确程度。

（2）平均木法：采伐并测定具有林分平均断面积的树木的生物量，再乘以总株数。为了保证测定的精度，可采伐多株具平均断面积的样木，测定其生物量，再计算单位面积的干重。另一种方法是将研究地段的林木按其大小分级，在各级内再取平均木，然后再换算成单位面积的干重。

（3）随机抽样法：研究地段上随机选多株样木，伐倒并测定其生物量。将样木生物量之和（$\sum W$）乘以研究地段总胸高断面积（G）与样木胸高断面积之和（$\sum g$）之比，全林的生物量（W）可以表示为：

$$W = \sum W \frac{G}{\sum g}$$

测定森林生物量时，除应计算树干的重量外，还包括林木的枝量、叶量和根量的测定。由于过去对这方面的研究较少，且测定的手续繁琐，因而成为森林生物测定中最感困难的环节。过去研究森林的生产量不测定地下部分的根系，会产生相当大的误差，这是因为树木的根系能占全部生物量的 17%～23%。

上述测得的生物量表示为单位面积、单位时间的重量如 g/（m^2·a），即为林分的生产力。假如所测定的有机物质知道其准确热量，生产力可以转换为热量，用 J/（cm^2·a）表示。森林里取得的收获物，不仅是木材，通常是很多种类的混合物（如花、果、种子、树皮以及灌木等），能量的粗略估算，可以根据陆生植物每克干重含能量约为 18.8 kJ。

3　水生生态系统调查方法

水生生态系统有海洋生态系统和淡水生态系统两大类别。淡水生态系统又有河流

（流水）生态系统和湖泊（静水）生态系统之别。

3.1 调查内容

水生生态环境调查，一般应包括水质、水温、水文和水生生态群落的调查，并且应包括鱼类产卵场、索饵场、越冬场、洄游通道、重要水生生物及渔业资源等特别问题的调查。水生生态调查一般按规范的方法进行，如海洋水质和底泥监测须按《海洋监测规范》（GB 17378.3 和 GB 17378.4—98）执行，海洋生物调查按《海洋调查规范》（GB 12763—91）执行，该规范对样品采集、保存和分析方法等，都进行了规定。

水生生态调查一般包括初级生产力、浮游生物、底栖生物、游泳生物和鱼类资源等，有时还有水生植物调查等。

3.2 调查方法

3.2.1 *初级生产量的测定方法*

3.2.1.1 氧气测定法

氧气测定法，即黑白瓶法。用三个玻璃瓶，一个用黑胶布包上，再包以铅箔。从待测的水体深度取水，保留一瓶（初始瓶 IB）以测定水中原来溶氧量。将另一对黑白瓶沉入取水样深度，经过 24h 或其他适宜时间，取出进行溶氧测定。根据初始瓶（IB）、黑瓶（DB）、白瓶（LB）溶氧量即可求得：

$$\text{净初级生产量} = LB - IB$$

$$\text{呼吸量} = IB - DB$$

$$\text{总初级生产量} = LB - DB$$

昼夜氧曲线法是黑白瓶方法的变型。每隔 2～3h 测定一次水体的溶氧量和水温，做成昼夜氧曲线。白天由于水中自养生物的光合作用，溶氧量逐渐上升；夜间由于全部好氧生物的呼吸而逐渐减少。这样，就能根据溶氧的昼夜变化，来分析水体群落的代谢情况。因为水中溶氧量还随温度而改变，因此必须对实际观察的昼夜氧曲线进行校正。

3.2.1.2 CO_2 测定法

用塑料帐将群落的一部分罩住，测定进入和抽出的空气中的 CO_2 含量。如黑白瓶方法比较水中溶 O_2 量那样，本方法也要用暗罩和透明罩，也可用夜间无光条件下的 CO_2 增加量来估计呼吸量。测定空气中 CO_2 含量的仪器是红外气体分析仪，或用古老的 KOH 吸收法。

3.2.1.3 放射性标记物测定法

反放射性 ^{14}C，以碳酸盐（$^{14}CO_2$）的形式，放入含有自然水体浮游植物的样瓶中，沉入水中经过短时间培养，滤出浮游植物，干燥后在计数器中测定放射活性，然后通过计算，确定光合作用固定的碳量。因为浮游植物在暗中也能吸收 ^{14}C，因此还要用“暗呼吸”作校正。

3.2.1.4 叶绿素测定法

通过薄膜将自然水进行过滤，然后用丙酮提取，将丙酮提出物在分光光度计中测量光吸收，再通过计算，化为每平方米含叶绿素多少克。叶绿素测定法最初应用于海洋和其他水体，较用 ^{14}C 和氧测定方法简便，花的时间也较少。

3.2.2 浮游生物调查

浮游生物包括浮游植物和浮游动物，也包括鱼卵和仔鱼。许多水生生物在幼虫期，都是以浮游状态存在，营浮游生活。浮游生物调查指标包括：

（1）种类组成及分布：包括种及其类属和门类，不同水域的种类数（种/网）。

（2）细胞总量：平均总量（个/m^3）及其区域分布、季节分析。

（3）生物量：单位体积水体中的浮游生物总重量（mg/m^3）。

（4）主要类群：按各种类的浮游生物的生态属性和区域分布特点进行划分。

（5）主要优势种及分布：细胞密度（个/m^3）最大的种类及其分布。

（6）鱼卵和仔鱼的数量（粒/网或尾/网）及种类、分布。

3.2.3 底栖生物调查

底栖生物活动范围小，常可作为水环境状态的指示性生物，底栖生物也是很多鱼类的饵类生物，它的丰富与否与水生生态系统的生产能力密切相关。在水生生态环境调查与评价中，底栖生物的调查与评价是必不可少的。底栖生物的调查指标包括：

（1）总生物量（g/m^2）和密度（个/m^3）。

（2）种类及其生物量、密度：各种类的底栖生物及其相应的生物量、密度。

（3）种类-组成-分布。

（4）群落与优势种：群落组成、分布及其优势种。

（5）底质：类型。

3.2.4 潮间带生物调查

海洋生态环境中，潮间带是一个特殊生境，也因而养育了特殊的潮间带生物。很多海岸建设工程会强烈地影响到潮间带生态环境，因而潮间带生物调查是很重要的。潮间带生物调查的采样和标本处理按《海洋调查规范》进行，一般按不同的潮区进行调查，其主要调查指标是：

（1）种类组成与分布：鉴定潮间带生物种和类属。

（2）生物量（g/m^2）和密度（个/m^2）及其分布；分布包括平面分布和垂直分布。

（3）群落：群落类型和结构，按潮区分别调查。

（4）底质：相应群落的底质类型（砂、岩、泥）。

3.2.5 鱼类调查

鱼类是水生生态调查的重点，一般调查方法有网捕，亦附加市场调查法等。鱼类调查既包括鱼类种群的生态学调查，也包括鱼类作为资源的调查。一般调查指标有：

（1）种类组成与分布：区分目、科、属、种，相应的分布位置。

（2）渔获密度、组成与分布：渔获密度（尾/网），相应的种类、地点。

（3）渔获生物量、组成与分布：渔获生物量（g/网）及相应的种类、地点。

（4）鱼类区系特征：不同温度区及其适宜鱼类种类，不同水层中（上、中、底层）分布，不同水域（静水、流水、急流）鱼类分布。

（5）经济鱼类和常见鱼类：种类、生产力。

（6）特有鱼类：地方特有鱼类种类、生活史（食性、繁殖与产卵、洄游等）、特殊生境要求与利用，种群动态。

（7）保护鱼类：列入国家和省级Ⅰ、Ⅱ级保护名录中的鱼类、分布、生活史、种群动态及生境条件。

4 敏感保护目标的确定

4.1 法律法规确定的保护目标

在环境影响评价中，敏感保护目标常作为评价的重点，也是衡量评价工作是否深入或是否完成任务的标志。然而，敏感保护目标又是一个比较笼统的概念。按照约定俗成的理解，敏感保护目标概括一切重要的、值得保护或需要保护的目标，其中最主要的是法律法规已明确其保护地位的目标（表 A-2）。生态环境影响评价中，“敏感保护目标”可按下述依据判别：

表 A-2 法定保护目标

保护目标	依据法律
1. 具有代表性的各种类型的自然生态系统区域	环境保护法
2. 珍稀濒危的野生动植物自然分布区域	环境保护法
3. 重要的水源涵养区域	环境保护法
4. 具有重大科学文化价值的地质构造、著名溶洞和化石分布区、冰川、火山、温泉等自然遗迹	环境保护法
5. 人文遗迹、古树名木	环境保护法
6. 风景名胜区、自然保护区等	环境保护法
7. 自然景观	环境保护法
8. 海洋特别保护区、海上自然保护区、滨海风景游览区	海洋环境保护法
9. 水产资源、水产养殖场、鱼蟹洄游通道	海洋环境保护法
10. 海涂、海岸防护林、风景林、风景石、红树林、珊瑚礁	海洋环境保护法
11. 水土资源、植被、（坡）荒地	水土保护法
12. 崩塌滑坡危险区、泥石流易发区	水土保护法
13. 耕地、基本农田保护区	土地管理法

在“建设项目环境保护分类管理名录（试行）”中，将一些地区确定为“环境敏感区”，并作为建设项目环境保护管理级别分类的重要依据。分类管理名录中的环境敏感区包括以下区域：

（1）需特殊保护地区：指国家或地方法律法规确定的、县级以上人民政府划定的需特殊保护的地区，如水源保护区、风景名胜、自然保护区、森林公园、国家重点保护文物、历史文化保护地（区）、水土流失重点预防保护区、基本农田保护区。

（2）生态敏感与脆弱区：指水土流失重点治理及重点监督区、天然湿地、珍稀动植物栖息地或特殊生境、天然林、热带雨林、红树林、珊瑚礁、鱼虾产卵场、天然渔场、重要湿地等。

（3）社会关注区：人口密集区、文教区、疗养地、医院等区域以及具有历史、科学、民族、文化意义的保护地。

此外，环境质量已达不到环境功能区划要求的地区亦应视为环境敏感区。

4.2　敏感保护目标的识别

环境影响评价中，除进行依法评价，贯彻执行法律法规规定之外，很重要的一个评价任务是进行科学性评价，即评价建设项目的布局或生产建设行为的环境合理性。从“以人为本”和可持续发展出发，保护那些对人类长远的生存与发展具有重大意义的环境事物（即敏感保护目标），是评价中最应关注的问题。一般敏感保护目标是根据下述指标判别的：

（1）具有生态学意义的保护目标。主要有：具有代表性的生态系统，如湿地、海涂、红树林、珊瑚礁、原始森林、天然林、热带雨林、荒野地等生物多样较高的和具有区域代表性的生态系统。

重要保护生物及其生境，包括列入国家级和省级一、二级保护名录的动植物及其生境；列入红皮书的珍稀濒危动植物及其生境，地方特有的和土著的动植物及其生境，以及具有重要经济价值和社会价值的动植物及其生境。

重要渔场及鱼类产卵场、索饵场，越冬地及洄游通道等；自然保护区、自然保护地、种质资源保护地等。

（2）具有美学意义的保护目标。主要有：风景名胜区、森林公园及旅游度假区；具有特色的自然景观、人文景观、古树名木、风景林、风景石等。

（3）具有科学文化意义的保护目标。主要有：具有科学文化价值的地质构造、著名溶洞和化石分布，如区、冰川、火山和温泉等自然遗迹，贝壳堤等罕见自然事物；具有地理和社会意义的地貌地物，如分水岭、省、市界等地理标志物。

（4）具有经济价值的保护目标，主要有：水资源和水源涵养区；耕地和基本农田保护区；水产资源、养殖场以及其他具有经济学意义的自然资源。

（5）重要生态功能区和具有社会安全意义的保护目标。主要有：重要生态功能区，如江河源头区、洪水蓄泄区、水源涵养区、防风固沙保护区、水土保持重点区、重要渔业水域等；灾害易发区，如崩塌、滑坡、泥石流区（地质灾害易发区）高山、峡谷陡坡区等。

（6）生态脆弱区。主要包括：处于剧烈退化中的生态系统，都可能演化为灾害易发区，应作为一类重要的敏感目标对待，如沙尘暴源区、严重和剧烈沙漠化区，强烈和剧烈水土流失区和石漠化地区；处于交界地带的区域，如水陆交界之海岸、河岸、湖岸、岸区，处于山地平原交界处之山麓地带等；处于过渡的区域，如农牧交错带、绿洲外围带等。

生态脆弱区具有容易破坏又不容易恢复的特点，因而应作为环评中的特别关注的保护目标。

（7）人类建立的各种具有生态环境保护意义的对象。如植物园、动物园、珍稀濒危生物保护繁殖基地、种子基地、森林公园、城市公园与绿地、生态示范区、天然林保护区等。

（8）环境质量急剧退化或环境质量已达不到环境功能区划要求的地域、水域。

（9）人类社会特别关注的保护对象。如学校（关注青少年）、医院（关注体弱有病的脆弱人群）、科研文教区以及集中居民区等。

5 生态系统质量与完整性评价

5.1 生态系统质量评价

我国学者（曹洪法，1995）提出的生态系统质量分析评价系统考虑植被覆盖率、群落退化程度、自我恢复能力、土地适宜性等特征。按百分制给各特征赋值。生态系统质量 EQ 按下式计算：

$$\mathrm{EQ}=\sum_{i=1}^{N} A_i / N$$

式中：EQ —— 生态系统质量；

A_i —— 第 i 个生态特征的赋值；

N —— 参与评价的特征数。

按 EQ 值将生态系统分为 5 级：Ⅰ级 100～70，Ⅱ级 69～50，Ⅲ级 49～30，Ⅳ级 29～10，Ⅴ级 9～0。

5.2 生态系统完整性评价

生态系统整体性或生态完整性，是生态系统保持健康状态和发挥其最大环境功能的基础。对于生态完整性的分析可采用综合评分法、景观生态学分析法以及列表清单、生态机理分析法等。具体方法描述见附录 D。

5.2.1 生态系统完整性评价指标

植被连续性：植被连续意味着生境连续，面积较大，干扰较少。景观连通性、生境破碎度、景观异质性和斑块分布，都可用于进行生态系统完整性评价。

生态系统组成完整：包括系统的生物组成成分协调性（种群大小适宜，无过大或过小问题；食物链比较完整等）；环境因素制约性，即不存在强烈的环境制约因素等。

生态系统空间结构完整性：森林植被保持成层分面特征，即保持生物地理区生态系统基本特征，水生生态系统则保持各层鱼类均有分布。

生物多样性：生物多样性高，接近自然本底水平，则生态完整性亦高。生物多样性是综合反映生态系统质量的因子。

生物量和生产力水平：生态系统生物量的高低或生产力水平的高低，标志着系统质量的高低和完整性状态。越接近自然生态系统第一性生产力（理论水平）者，其整体性水平亦越高。

5.2.2 生态系统完整性评价方法

生态系统完整性评价一般可利用景观生态学方法。景观生态学方法评价生态系统完整性的主要指标是生态系统（植被）净生产力和稳定性分析：系统净生产力高低的判别以实际的植被生产力与理论计算的生态系统净第一生产力（标准）作比较；稳定性分析包括恢复稳定性和阻抗稳定性两个方面；理论生态系统净第一生产力、生态系统恢复稳定性和阻抗稳定性的具体计算方法同附录 D。

6 生物多样性现状综合评价

从目前国内大部分地区的生物多样性监测数据的全面性和准确性普遍较差的实际情况出发，推荐采用生物多样性指数（BI）法开展生物多样性综合评价，其他方法在满足基础数据条件时也可采用。

6.1 评价指标及计算方法

（1）物种丰富度：指评价区域内现场调查或资料记录的野生高等动植物物种总数，用于比较物种多样性。

（2）生态系统类型多样性：指评价区域内生态系统的类型数，用于比较生态系统的类型多样性，分类体系建议参照《中国植被》，以群系为分类单位。

（3）植被垂直带谱的完整性：指评价区域内植被群落垂直分层结构的完整程度，用于比较生态系统的稳定性，其系数取值如表 A-3 所示。

表 A-3 植被群落结构系数

植被垂直带谱完整性	系数
植被分布层≥5	100
植被分布层=4	80
植被分布层=3	60
植被分布层=2	40
植被分布层=1	20
无植被分布	0

（4）物种特有性：指评价区域内特有种的数量，用于比较生态系统的特殊价值。在该项资料获取困难时，可用种子植物特有属数替代描述物种特有性。

（5）外来物种入侵度：指评价区域内外来入侵物种数与本地高等动植物种数之比，用于比较生态系统的潜在受干扰程度。

6.2 评价指标的归一化处理

$$\text{归一化后的评价指标（BI）}=\text{归一化前的评价指标}/A_{max}\times 100$$

式中：A_{max} —— 某指标归一化处理前的最大值。

6.3 评价指标权重

评价指标权重应根据评价区具体情况，采用专家咨询法确定。一般区域推荐权重值见表 A-4。

表 A-4 评价指标推荐权重建议

评价指标	权重
物种丰富度	0.50
生态系统类型多样性	0.15
植被垂直带谱的完成性	0.10
物种特有性	0.15
外来物种入侵度	0.10

6.4 生物多样性现状综合评价分级

生物多样性综合性指数（BI）是物种丰富度、生态系统类型多样性、植被垂直带谱完整性、物种特有性、外来物种入侵度等各指标归一化后的加权求和。其中外来物种入侵度为成本性指标，其属性值应作适当转换。

BI＝物种丰富度×0.50＋生态系统类型多样性×0.15＋植被垂直带谱完整性×0.10
＋物种特有性×0.15＋（100–外来物种入侵度）×0.10

根据生物多样性指数（BI）值，可将生物多样性状况分为4级，即优、良、一般和差（见表A-5），可在总体上反映评价区域的生物多样性现状。通过比较各分区生物多样性指数值在规划实施前后的变化，可在总体上预测旅游规划实施对区域生物多样性的影响程度。

表A-5　生物多样性现状综合评价分级表

评价等级	生物多样性综合评价指数（BI）	生物多样性状况
优	BI≥65	物种高度丰富，特有属、种繁多，生态系统丰富多样
良	40≤BI＜65	物种较丰富，特有属、种较多，生态系统类型较多，局部地区生物多样性高度丰富
一般	30≤BI＜40	物种较少，特有属、种不多，局部地区生物多样性较丰富，但生物多样性总体水平一般
差	BI＜30	物种贫乏，生态系统类型单一、脆弱，生物多样性低

7　遥感-地理信息系统-全球定位系统技术

遥感-地理信息系统-全球定位系统，即“3S”技术。在生态学调查与研究中，具有特殊重要的价值。遥感技术提供的信息包括：地形、地貌、地面水体植被类型及其分布、土地利用类型及其面积、生物量分布、土壤类型及其水体特征、群落蒸腾量、叶面积指数及叶绿素含量等。最常用的卫星遥感资源是美国陆地资源卫星TM影像，包括7个波段，每个波段的信息反映了不同的生态学特点。

附录 B
旅游规划环境影响识别表

影响因子 / 环境因素		旅游发展规划			
		旅游发展战略与目标	旅游产品结构与规模	重点旅游项目选址与规模	服务与基础设施选址与规模
环境	地表水环境				
	环境空气				
	土壤环境				
	噪声环境				
生态	生态功能区划				
	水土保持				
	自然保护区				
	生态敏感与脆弱区				
	其他需特殊保护地区				
	区域生态系统完整性				
	区域生态系统稳定性				
生物多样性	遗传多样性				
	物种多样性				
	重要栖息地				
	生态系统多样性				
景观	地文景观				
	生物景观				
	水体景观				
	遗址遗迹				
	建筑与设施				
环境风险区	地质灾害易发区				
	泄洪区				
	采空区				
社会环境					
经济环境					
文化环境					

说明：在本表填写时需要对每种环境影响因子的环境影响性质进行说明，具体包括以下几个方面：直接/间接影响；有利/不利影响；可逆/不可逆影响；长期/短期影响；暂时/永久影响；是否累积影响；不确定影响也应明确地标明。

附录 C

旅游规划环境目标与推荐指标

环境主题	环境目标	评价指标
旅游资源指标	旅游资源得到有效保护	旅游资源的观赏价值、游憩使用价值、美学价值、历史价值、文化价值、科学价值、艺术价值等
环境指标	规划区域环境质量得到维护	大气环境质量（TSP、SO_2、NO_2、空气中细菌含量等） 水环境质量（pH、DO、BOD_5、COD、氨氮、非离子氨、总磷） 声环境质量（噪声强度 dB） 固体废弃物处理程度 土壤环境质量（裸露的面积、土壤侵蚀强度）
生态指标	保持规划区域生态系统的完整性和生态功能	植被（面积、种类、群落结构、覆盖率等） 水土流失（水土流失的类型、面积、范围等） 生态系统类型与数量
生物多样性	保护区域内的物种及其生境	植物物种（保护物种种类、数量、分布区域面积及分布、分布方式、丰富度、集中度、特有度和特有率等） 野生动物（重要栖息地面积及分布变化、食物链的改变、出生率、死亡率、迁入和迁出等） 保护鱼类（种类、生境变化等） 外来物种入侵 区域生态系统稳定性（影响或占据的面积占原有栖息地/生境类型的百分比、开发项目是否导致生态系统功能改变等）
社会经济文化指标	促进地方社会经济发展，保护当地特色文化	旅游经济的贡献度 旅游交通运输保障程度 旅游服务质量 居民参与旅游的程度 居民环保意识 民俗风情的传承与保护 当地文化对外来文化的接受度
风险灾害指标	环境风险得到控制	滑坡、泥石流、洪水、火灾等 外来有害动植物物种侵入影响 外来有害传染性病毒侵入影响
可持续性指标	旅游开发活动在旅游容量范围之内	旅游空间容量 旅游设施容量 生态环境容量 社会心理容量

附录 D
生物多样性影响预测评价方法

1 生态系统多样性影响评价

1.1 生态系统恢复稳定性评价

对区域生态体系恢复稳定性的影响一般分析规划实施前后对区域生物量或生产力的变化。区域生物量或生产力数据可采用同类地区已有实测或研究成果，也可根据生产力公式进行计算。Holieth 生物生产力的两个经验公式分别计算出热量生产力和水分生产力后，取值较小的一个生产力作为生态系统的生产力。

$P_t = 3\,000/（1+e^{1.315-0.119t}）$

$P_p = 3\,000（1-e^{-0.000\,664p}）$

式中：P_t——用年平均温度（t，℃）估计的热量生产力，g/（$m^2 \cdot a$）；

P_p——用降水量（p，mm）估计的水分生产力，g/（$m^2 \cdot a$）。

1.2 生态系统阻抗稳定性评价

对区域生态体系阻抗稳定性的影响一般采用景观生态学中的景观优势度公式。

景观密度：R_d = 拼块 i 的数目/拼块总数×100%；反映此种景观类型的斑块数占总斑块数的大小情况。

景观频率：R_f = 拼块 i 出现的样方数/总样方数×100%；反映该种景观类型出样的样方数占总样方数的比例大小。

景观比例：L_p = 拼块 i 的面积/样地总面积×100%；反映该景观类型的面积占总面积的比例大小。

景观优势度值：$D_0 = [（R_d + R_f）/2 + L_p]/2 \times 100\%$；反映各景观生态类型综合指标。

2 物种多样性影响评价

2.1 生态机理分析法

生态机理法主要步骤包括：

（1）识别有无珍稀濒危物种及重要经济、历史、景观和科研价值的物种。

（2）预测该地区动物、植物生长环境的变化。

（3）根据项目实施后的环境变化，对照无开发项目条件下动物、植物或生态系统演替趋势，预测动物和植物个体、种群和群落的影响，并预测生态系统演替方向。

（4）物种多样性定量计算一般由多样性指数、均匀度和优势度三个指标来表征；但这三种方法由于对参数的数据量要求较高，因此一般在实际评价中使用较少。

2.2 物种多样性指数法

通过计算物种多样性指数的变化，分析对物种多样性的影响程度。

2.2.1 香农-威纳指数法

香农-威纳指数法（Shannon-Wiener Index）：

$$H=-\sum_{i=1}^{S}(P_i)(\log_2^{P_i})$$

式中：H —— 样地（方）的信息含量（彼特/个体），即物种的多样性指数；

S —— 物种数；

P_i —— 属于第 i 物种在全部样地（方）中的比例。

在香农-威纳信息论多样性指数中包含两个组成：种类数目和种类中个体分配上的平均性（equitability）或均匀性（evenness）。种类数目大，也就越增加种类的多样性。由于用香农-威纳指数测量物种多样性，使种类间个体分配的均匀性分布也会增加。均匀性可用几种方法测出。最简单的方法是，假设所有 S 物种在丰盛度上相等，那么样品的物种多样性为

$$H_{\max}=-S(\tfrac{1}{S}\log_2\tfrac{1}{S})=\log_2 S$$

式中：$H_{\max}$ —— 在最大的均匀性条件下种的多样性；

S —— 群落中的种数。

2.2.2 均匀度指数法

均匀度指数：

$$E=H/H_{\max}$$

式中：E —— 均匀度。样方中各个种多度的均匀程度，即是每个种个体数量间的差异。种的多样性与种间个体分布的均匀度有关。

$H_{\max}$ —— 最大多样性。设群落中物种总数为 T，当所有种都以相同比例（$1/T$）存在时，将有最大的多样性，即 $H_{\max}=\log_2 T$。

2.2.3 优势度指数法

优势度指数：

$$D=\log_2 T+\sum_{i=1}^{n}P_i\log_2 P_i$$

式中：D —— 优势度，表明群落中占统治地位的物种及其分布；

T —— 总丰富度，即群落中物种总数。

2.3 叠图法

图形叠置法，是把两个以上的生态信息叠合到一张图上，构成复合图，用以表示生态变化的方向和程度；特点是直观、形象，简单明了，但不能作精确的定量评价。

为提高效率与可靠性，目前叠图法的实际应用一般是基于 GIS 系统开展，其基本步骤为：

（1）首先制作标注有项目的位置、范围、评价区域和轮廓的基图。

（2）对于每个生物多样性评价因子都制作相同区域的对应因子的环境图，将各因子环境图叠置到基图上就可以看出该规划项目对评价区域环境的综合影响。

本方法主要利用 GIS 系统的缓冲区分析和叠置分析功能，将各单因子环境图与基本地图叠加得到复合图，用地图的形式直观展现项目给周围环境带来的影响以及潜在的威胁。

附录 E
旅游容量量测方法概述

旅游容量一般分为旅游空间容量、旅游设施容量、环境生态容量和社会心理容量四类。对于一个旅游区来说，日空间容量与日设施容量的测算是最基本的要求。

1　旅游设施容量测算

日设施容量的计算是通过对旅游区有关设施的空间中所能容纳的游客数量的计算来获得。

例如：假设一个影剧院的座位数为 X_i，日周转率为 Y_i，则日设施容量为

$$C_i = X_i \times Y_i$$

旅游区日设施容量为

$$C = \sum C_i = \sum X_i \times Y_i$$

其中：旅游接待设施，如宾馆、休疗养院的日间系数建议为 0.4。

在此基础上，将日设施容量乘以旅游区的正常营业时间，则可获得一定时间周期内旅游区内设施的容量。

2　旅游区空间容量量测方法

2.1　调查统计法

在不同的旅游地域、社区、路段等，分别对不同的旅游者进行调查，了解旅游者对旅游容量各方面的认知、感受与需求，并进行统计处理。

2.2　航拍问卷法

以航拍来了解旅游者人数和分布状况，同时采取问卷形式调查旅游者的看法，比较、分析得出旅游容量的经验值或相关结论。

2.3　理论推测法

在调查研究的基础上，对旅游环境容量进行推算，以求得更合适的旅游容量。如水资源容量（W）= 总供水量（T）/人均用水量（W_e）。总供水量即该地的供水能力；人均用水量包括住宿旅游者人均用水量和流动旅游者人均用水量两大部分。

2.4　游道法

以每个游客所占游道长度计算，游道分为完全游道和不完全游道两种。完全游道即进出口不在同一位置的游道；不完全游道即进出口在同一位置的游道，游客游至终

点必须按原路返回。

2.5 面积计算法

用每个游客所占平均游览面积来计算。

日空间容量的测算是在给出各个空间使用密度的情况下，把游客的日周转率考虑进去，即可估算出不同空间的日空间容量。

例如：假设某游览空间面积为 X_i m^2，在不影响游览质量的情况下，平均每位游客占用面积为 Y_i m^2/人，日周转率为 Z_i。则该游览日空间日容量为

$$C_i = X_i \times Z_i / Y_i \text{（人）}$$

旅游区日空间总容量等于各分区日空间容量之和，即

$$C = \sum C_i = \sum X_i \times Z_i / Y_i$$

2.6 卡口法

实测卡口处（如门票站）单位时间内通过的合理旅游人数。

3 旅游区生态环境容量量测

3.1 生态环境容量量测原则

基于自然系统生产力、自维持能力以及敏感资源单体弹性的估测，重点考虑以下因子。

（1）土壤密度、土壤组成、土壤温度、土壤冲蚀与径流。

（2）植被：植被覆盖率、植被组成、植被年龄结构、稀有植物的灭绝、植被的机械性损伤。

（3）水：水中病原体的数目与种类、水中的养分及水生植物的生长情况、污染物。

（4）野生动物：栖息地、种群组成、种群改变、旅游活动对种群活动的影响。

（5）空气。

3.2 生态环境容量的量测方法

（1）既成事实分析（after-the-fact analysis）：在旅游行动与环境影响已达到平衡的系统，通过选择游客量压力不同调查其容量，所得数据用于测算相似地区环境容量。

（2）模拟实验（simulation experiment）：使用人工控制的破坏强度，观察其影响程度。根据实验结果测算相似地区生态环境容量。

（3）长期监测（monitoring of change through time）：从旅游活动开始阶段做长期调查，分析使用强度逐年增加所引起的改变。或在游客压力突增时，随时做短期调查。所得数据用于测算相似地区的生态环境容量。

而生态环境容量的量测通常只考虑对污染物的吸收、净化能力。所以，某旅游地生态容量的大小取决于自然生态环境净化与吸收旅游污染物的能力，以及一定时间内游客所产生的污染物量。对于旅游地自身的生态环境容量的量测可以用以下公式计算：

$$F_0 = \frac{\sum_{i=1}^{n} S_i T_i}{\sum_{i-1}^{n} P_i}$$

式中：F_0 —— 生态环境容量（日容量），即每日接待游客的最大允许量；

P_i —— 每位游客每天产生的第 i 种污染物量；

S_i —— 自然环境每天吸收净化第 i 种污染物的数量；

T_i —— 各种污染物的净化时间（一般取一天）；

n —— 旅游污染物种类数。

4 旅游区社会心理容量量测

社会心理容量的主要影响因素是拥挤度。对于它的测算也是一个比较复杂的问题。目前主要有两个模型可以利用：一是满意模型（Hyporhetical Density）；二是拥挤认识模型（Perceived Crowding Models）。

一般地，我们把旅游者平均满足程度最大时的个人空间值，作为旅游感知容量计算的基本空间标准。相应的公式如下：

$$C_p=A/m=KA$$

$$C_r=（T/T_0）\times C_p=K\times（T/T_0）\times A$$

式中：C_p —— 时点容量；

C_r —— 日容量；

A —— 资源的空间规模；

m —— 基本空间标准；

K —— 单位空间合理容量；

T —— 每日开放时间；

T_0 —— 人均每次利用时间。

5 旅游区旅游容量的确定

一般对一个旅游区来说，最基本的要求是对空间容量和设施容量进行测算，对生态环境容量和社会心理容量进行分析。有条件的话，也应对后两个容量进行测算。如果上述四个容量都有测算值的话，那么一个旅游区的环境容量取决于以下三者的最小值：

（1）生态环境容量；

（2）社会心理容量；

（3）空间容量与设施容量之和。

参考文献

[1] 国家旅游局. 旅游规划技术导则. 北京：旅游出版社，2005.
[2] 张文军. 生态学研究方法. 广州：中山大学出版社，2007.
[3] 傅伯杰，陈利顶，马克明，等编著. 景观生态学原理及应用. 北京：科学出版社，2001.
[4] 章家恩主编. 生态学常用实验研究方法与技术. 北京：化学工业出版社，2007.
[5] Richard B. Primak. 保护生物学概论. 长沙：湖南科学技术出版社，1996.
[6] 保继刚，楚义芳，彭华. 旅游地理学. 北京：高等教育出版社，1993.
[7] 孙儒泳，李博，诸葛阳，等. 普通生态学. 北京：高等教育出版社，1993.
[8] 国家环境保护总局环境工程评估中心. 环境影响评价相关法律法规汇编. 北京：中国环境科学出版社，2005.
[9] 国家环境保护总局环境工程评估中心. 环境影响评价技术导则与标准汇编. 北京：中国环境科学出版社，2005.
[10] 陈灵芝，马克平. 生物多样性科学原理与实践. 上海：上海科学技术出版社，2001.
[11] 董鸣. 陆地生物群落调查观测与分析. 北京：中国标准出版社，1997.
[12] 马克平. 景观多样性//孙鸿烈主编. 资源科学大百科全书. 北京：中国大百科全书出版社，2000.
[13] 马克平. 生态系统多样性//孙鸿烈主编. 资源科学大百科全书. 北京：中国大百科全书出版社，2000.
[14] 马克平. 物种多样性//孙鸿烈主编. 资源科学大百科全书. 北京：中国大百科全书出版社，2000.
[15] 马克平. 遗传多样性//孙鸿烈主编. 资源科学大百科全书. 北京：中国大百科全书出版社，2000.
[16] 马克平. 中国重点地区与类型生态系统多样性. 杭州：浙江科学技术出版社，1999.
[17] 钱迎倩，马克平. 生物多样性研究的原理与方法. 北京：中国科学技术出版社，1994.
[18] 李小梅，张江山，王菲凤. 生态旅游项目的环境影响评价方法（EIA）与实践——以武夷山大峡谷森林生态旅游区为例. 生态学杂志，2005，24（9）：1110-1114.
[19] 吴甘霖. 生态系统多样性的测度方法及其应用分析. 安庆师范学院学报（自然科学版），2004，10（3）：18-21.
[20] 李成春. 开发建设项目对自然保护区生物多样性影响的评价指标体系研究. 中国科学院西双版纳热带植物园，2007.
[21] 王建春. 旅游规划战略环境评价研究——以章丘市锦屏山旅游规划为例. 山东师范大学，2003.
[22] 吴志华. 旅游专项规划环境影响评价指标体系研究——以安徽环巢湖旅游开发规划为例. 合肥工业大学，2006.

第二部分　实践篇

四川省甘孜藏族自治州
旅游发展总体规划（2000—2015年）
环境影响报告书
（欧盟生物多样性保护示范项目）

1 总则

1.1 项目背景

为促进中国的生物多样性保护工作，以欧盟赠款，联合国开发署出资，以及示范项目配套资金为主，在中国设立了中欧生物多样性项目，并建立了组织管理机构——中欧生物多样性项目管理办公室。该项工作的主旨在于改善生物多样性工作的体制环境，促进保护区内的生物多样性保护，加强管理人员的能力建设，促进生物多样性数据的共享等。为达到上述目的，特设立科研课题《Integrating Biodiversity Considerations into Strategic Environmental Assessment of Mining and Tourism Development Plans》，共包括三项内容，即开展某一地区的矿产资源开发规划和旅游开发规划的环境影响评价，建立相应区域的生物多样性数据库，编制旅游开发规划和矿产资源开发规划环境影响评价技术导则。

该课题的核心是探讨如何将生物多样性保护工作纳入矿产开发和旅游规划环境影响评价中。因此，编制旅游发展规划环境影响评价报告书，是本课题的主要任务之一。

1.2 评价对象

按照总课题的要求，须针对四川某一区域的旅游发展规划开展环境影响评价。因此，工作区域应该为已有或者正在编写或修订旅游发展规划的地区，同时案例研究的尺度不宜过小，规划涉及的范围以地市州政府一级为宜，规划类型以旅游发展总体规划为宜。此外，案例研究应涉及生物多样性相对重要的区域。

甘孜州地处青藏高原和四川盆地过渡地带，地形地貌复杂，是世界上自然生态最完整、气候垂直带谱与动植物资源分布最多的地区之一，也是中国重要的天然物种基因库，境内有大熊猫、金丝猴等 30 多种重要珍稀动物。

综上所述，本次规划环境影响评价选择《四川省甘孜藏族自治州旅游发展总体规划（2005—2015）》作为评价对象。

1.3 编制依据

1.3.1 法律、法规

《中华人民共和国环境保护法》（1989 年 12 月）；

《中华人民共和国环境影响评价法》（2002 年 10 月）；

《中华人民共和国水法》（2002 年 8 月）；

《中华人民共和国水土保持法》（1991 年 6 月）；

《中华人民共和国野生动物保护法》（2004 年 8 月修订）；

《中华人民共和国渔业法》（2004 年 8 月）；

《中华人民共和国森林法》（1998 年 4 月）；

《中华人民共和国土地管理法》（2004 年 8 月二次修正）；

《中华人民共和国防洪法》（1997 年 8 月）；

《中华人民共和国水污染防治法》（1996 年 5 月）；

《中华人民共和国大气污染防治法》（2000 年 4 月修订）；

《中华人民共和国固体废物污染环境防治法》（2004 年 12 月修订）；

《中华人民共和国环境噪声污染防治法》（1996 年 10 月）；

《中华人民共和国清洁生产促进法》（2002 年 6 月）；

《中华人民共和国陆生野生动物保护实施条例》（1992 年 3 月）；

《中华人民共和国水生野生动物保护实施条例》（1993 年 9 月）；

《中华人民共和国野生植物保护条例》（1996 年 9 月）；

《建设项目环境保护管理条例》（1998 年 11 月，国务院第 253 号令）；

《土地复垦规定》（1988 年 11 月，国务院第 19 号令）；

《基本农田保护条例》（1998 年，国务院第 257 号令）；

《全国生态环境保护纲要》（国务院 2000 年 11 月）；

《中华人民共和国自然保护区条例》（1994 年 10 月，国务院令第 167 号）；

《风景名胜区条例》（2006 年 9 月，国务院第 474 号令）。

1.3.2 部委规章及地方法规

《建设项目环境保护分类管理名录》（2002 年 10 月，国家环保总局第 14 号令）；

《关于西部大开发中加强建设项目环境保护管理的若干意见》（环发[2001]4 号）；

《四川省饮用水水源保护管理条例》（1997 年 10 月修正）；

《四川省自然保护区管理条例》（四川省人大 1999 年 10 月）；

《国家重点保护野生植物名录（第一批）》（2001 年 8 月，农业部、国家林业局第 53 号令修正）；

《国家重点保护野生动物名录》（2003 年 2 月，国家林业局第 7 号令修订）；

《国家重点生态功能保护区规划纲要》（2007 年 12 月，国家环保总局）。

1.3.3 规范性文件

《全国生物物种资源保护与利用规划纲要》（2007 年 12 月发布，国家环保总局）；

《国务院关于落实科学发展观 加强环境保护的决定》（国发[2005]39 号）；

《全国生态环境保护纲要》（2000 年 11 月，国务院国发[2000]38 号）；

《四川省人民政府关于划分水土流失重点防治区的公告》（四川省人民政府，1998 年 12 月）；

《四川省人民政府关于实施天然林资源保护工程的决定》（川府发[1998]58 号）；

《四川省地面水水域环境功能划类管理规定》（川府发[1992]5 号）；

《四川省人民政府关于公布〈四川省新增重点保护野生动物名录〉的通知》（川府发[2000]37 号）；

《环境影响评价公众参与暂行办法》（环发[2006]28 号）。

1.3.4 技术规范及标准

《规划环境影响评价技术导则（试行）》（HJ/T 130—2003）；

《环境影响评价技术导则 总纲》（HJ/T 2.1—93）；

《环境影响评价技术导则 大气环境》（HJ/T 2.2—2008）；

《环境影响评价技术导则 地面水环境》（HJ/T 2.3—93）；

《环境影响评价技术导则 声环境》（HJ/T 2.4—2009）；

《环境影响评价技术导则 非污染生态影响》（HJ/T 19—1997）；

《内陆水体水生生物调查规范》；

《内陆水域渔业自然资源调查手册》；

《环境监测技术规范》（国家环境保护局，1986 年）；

《土壤侵蚀分类分级标准》（SL 190—96）。

1.3.5 技术报告及相关文件

《四川省甘孜藏族自治州旅游发展总体规划（2000—2015）》。

1.3.6 主要相关资料

《四川省生态功能区划》；

《四川省环境保护“十一五”规划》；

《甘孜藏族自治州国民经济和社会发展第十一个五年总体规划纲要》；

《甘孜藏族自治州环境保护“十一五”规划》；

《甘孜州湿地保护工程规划》；

《甘孜州土地利用总体规划（1996—2010）》；

《甘孜州水土保持规划（2001—2010）》；

《甘孜州生态能源产业发展规划》；

《甘孜州土地开发整治规划》；

《稻城旅游发展总体规划（2005—2015）》；

《贡嘎山风景名胜区燕子沟景区规划》。

1.4 评价目的

（1）优化甘孜州旅游总体规划，调整本区域旅游产业发展的范围和规模，保护区域生态和生物多样性，同时研究生物多样性的评价方法及其在环境影响评价中的应用。

（2）避免因规划实施造成区域生态破坏和资源损失，实现区域社会、经济和环境的可持续协调发展。

（3）为《四川省甘孜藏族自治州旅游发展总体规划》的修编及各类专项规划和各旅游区旅游发展规划的编制提供指导性意见和建议。

（4）形成环境影响评价结论，为决策提供科学依据。

1.5 评价原则

1.5.1 前瞻性和指导性原则

结合区域旅游现状和发展趋势，分析预测旅游开发对该区自然与社会发展的影响，从环境保护角度优化规划设计内容，对旅游规划提出一些指导性建议。

1.5.2 科学、客观、公正原则

规划环境影响评价必须科学、客观、公正，综合考虑规划实施后对各种环境要素及其所构成的生态系统可能造成的影响，为决策提供科学依据。

1.5.3 整体性和综合性原则

将评价范围与本规划相关的政策、规划、计划以及相应的项目联系起来，从环境相容性角度做整体性考虑。

1.5.4 公众参与原则

在评价过程中积极开展公众参与，充分考虑社会各方面的利益和主张。

1.5.5 一致性原则

本次规划环评的工作深度与规划的层次、详尽程度相一致。

1.5.6 可操作性原则

尽可能选择简单、实用、经过实践检验可行的评价方法，评价结论力求科学、客观，减免措施具有可操作性。

1.5.7 突出重点原则

针对规划区域内资源现状，选取典型景区，突出影响评价重点，为规划的修编和实施提供科学有效的依据。

1.5.8 开发与保护并重原则

为了实现区域经济发展，提高人们生活水平，充分发挥区域旅游资源优势，规划评价本着开发与保护并重的原则，合理开发旅游资源，实现可持续发展。

1.6 评价水平年

现状水平年为2005年；预测水平年近期为2010年，远景为2015年。

1.7 评价范围

本规划环境影响评价范围为甘孜自治州全州及与其生态系统和生物多样性联系紧密的其他区域，重点为规划的旅游景区、旅游交通线路及其周边区域。

1.7.1 生物多样性评价

评价范围以甘孜州全州生态环境为背景，重点为各规划旅游景区及主要旅游交通道路。

1.7.2 其他评价

（1）社会环境评价

评价范围以四川省相关行业规划发展为背景，重点为规划实施的主要受益及影响区，即甘孜州全州。

（2）水环境评价

地表水评价范围为各旅游区范围内水体及甘孜州主要河流，即金沙江、雅砻江、大渡河及其主要支流。

（3）大气环境与声环境评价

评价范围为各旅游景区及主要旅游交通道路附近。

1.8 环境保护目标

本规划环境影响评价环境保护目标主要参考《四川省甘孜自治州旅游发展总体规划》《甘孜自治州生态旅游产业发展规划》《甘孜藏族自治州环境保护“十一五”规划》等。具体目标见表 2-1。

表 2-1 甘孜州旅游发展总体规划环境影响评价环境保护目标

相关规划	主要环境目标
甘孜藏族自治州环境保护“十一五”规划	总体目标：争取实现经济社会发展与资源环境承载力相适应，环境质量改善与生活质量提高同步。 分阶段目标：2010 年生态环境恶化趋势得到有效遏制，重要生态功能区保护区的生态功能开始恢复，基本完成甘孜州长江上游生态屏障的构建工作；2020 年构架起完善的甘孜州长江上游生态屏障，初步实现经济和环境的协调发展
本规划环境影响评价拟定的环境保护目标	保持生态系统的完整性，遏制生态环境恶化趋势，有效减缓规划对生态系统，尤其是生态脆弱带生态系统和生物多样性的影响

各环境要素的保护目标如表 2-2 所示。

表 2-2 甘孜州旅游发展总体规划环境影响评价环境要素保护目标

主题	要素	环境目标
制约性因素	敏感区域	控制对敏感区的负面影响
生态环境	生物多样性	维护生态环境的完整性和稳定性，保护生态系统和生物多样性
其他环境目标	社会环境	促进全州社会经济可持续发展，提高居民生活质量，促进民族团结统一
	水环境	地表水和地下水水质不受污染，并满足地表水和地下水功能要求
	大气环境	控制空气污染物排放
	声环境	声环境质量满足功能区要求
旅游-环境承载力	旅游资源空间承载力	在旅游环境承载力允许范围内，进行适度规模、强度的旅游资源开发，以满足社会发展需求
	旅游生态环境承载力	
	基础设施支撑能力	
	社会环境承载力	
环境风险	生态环境	防止外来生物入侵

1.9 环境敏感保护对象

根据初步调查，评价区内主要环境敏感保护对象见表 2-3。

表 2-3 甘孜州旅游发展总体规划环境敏感保护对象

主要敏感保护对象		区位关系
自然保护区	贡嘎山国家级自然保护区	康定旅游区、泸定海螺沟旅游区
	亚丁国家级自然保护区	稻城亚丁旅游区
	海子山国家级自然保护区	稻城亚丁旅游区、理塘格聂山旅游区
	墨尔多山省级自然保护区	亚拉旅游区
	莫斯卡省级自然保护区	亚拉旅游区
	湾坝省级自然保护区	九龙伍须海旅游区
	新路海省级自然保护区	德格新路海旅游区
	阿木拉省级自然保护区	德格新路海旅游区
	金汤孔玉省级自然保护区	康定旅游区
主要珍稀保护陆生植物	白皮云杉、云南杓兰、康定云杉等植物	
主要珍稀保护陆生动物	山溪鲵、中国林蛙等数种两栖类；秃鹫、凤头鹰等十多种鸟类；狼、马麝、黑熊、大熊猫等二十多种兽类	两个区域涉及的物种丰富度较高
主要珍稀保护鱼类	长丝裂腹鱼、中华鮡等	主要分布在金沙江干流
	长丝裂腹鱼、青石爬鮡等	主要分布在雅砻江干流
	重口裂腹鱼、青石爬鮡等	主要分布在大渡河干流
风景名胜区	贡嘎山国家级风景名胜区	康定旅游区、泸定海螺沟旅游区、九龙伍须海旅游区
	稻城亚丁省级风景名胜区	稻城亚丁旅游区
地质公园	海螺沟国家地质公园	泸定海螺沟旅游区
森林公园	泸定海螺沟森林公园	泸定海螺沟旅游区
	四川荷花海森林公园	康定旅游区
	四川措普沟森林公园	巴塘措普沟景区
	雅江庆达沟森林公园	格西沟帕姆岭旅游区

1.10 重点工作内容

（1）在综合分析甘孜州旅游发展总体规划的基础上，重点进行规划方案目标的合理性分析以及与相关规划的一致性分析。

（2）在环境现状调查以及已有旅游项目回顾调查的基础上，分析评价甘孜州环境变化趋势及资源环境承载力水平。

（3）识别规划方案实施过程中及实施后所有活动及其对环境的影响，并根据本规划区开发主要特点和环境敏感程度，制订规划方案，构建环境合理性评价指标体系、环境影响评价指标体系、旅游资源环境承载力评价指标体系。

（4）分析评价规划方案实施对旅游资源环境承载及区域生物多样性的影响。

（5）进行规划方案环境合理性综合论证，分析规划方案的缺陷并提出优化调整建议。

（6）根据规划方案实施对环境的影响因素及其影响程度、范围，提出预防和减缓不利环境影响的措施和对策。

1.11 规划评价工作程序

本次规划环境影响评价工作程序详见图 2-1。

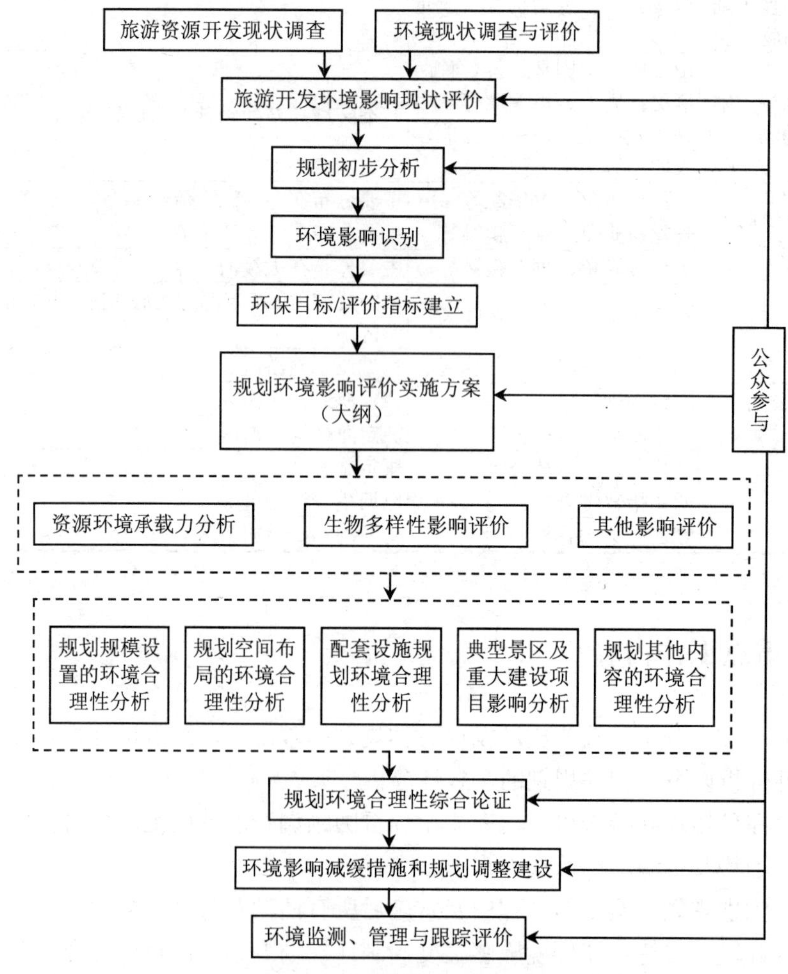

图 2-1 旅游规划环境影响评价工作程序

2　规划概述

2.1 规划背景

甘孜藏族自治州（简称甘孜州）于 1950 年 11 月 24 日建州，是新中国成立之后第一个成立的少数民族自治地区，总面积 15.37 万 km^2。甘孜州地处青藏高原东南缘，是我国地貌上从最高一级地貌单元向第二级云贵高原和四川盆地过渡的地带，也是我国新构造运动最活跃的地区之一（图 2-2）。

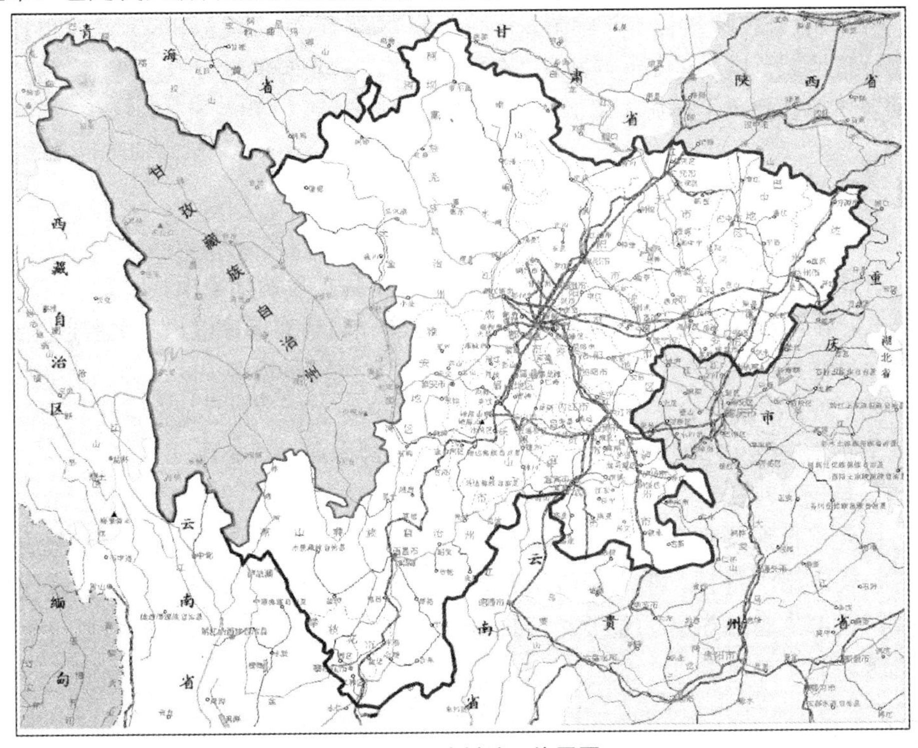

图 2-2　甘孜州地理位置图

甘孜州具有海拔高度变化大，地貌类型多，地貌景观雄伟、壮丽、多样化的特点，同时是我国藏区康巴文化的发祥地和藏传佛教五大派系保存最全的地区，拥有丰富的生态与自然旅游资源和人文旅游资源。

因此，甘孜州要发展，实现其经济竞争力和区域影响力的全面提升，不能单纯依托丰富的自然资源，继续走资源开发型道路，而必须根据民族地区的特点，把握机遇，扬长避短，走经济发展与资源环境保护并重的生态可持续发展道路。随着甘孜州产业结构的调整和《四川省旅游发展总体规划》的编制完成，四川省将甘孜州今后的发展定位为“中国生态旅游和自然旅游的目的地”和“世界级的观光、探险旅游和度假旅游目的地”。甘孜州人民政府抓住这一时机，于 1998 年 10 月委托四川省旅游规划设计所编制了《四川省甘孜藏族自治州旅游发展总体规划》(2000—2015 年)。规划于 1999 年 12 月通过四川省旅游局审查。

2.2 规划范围

《四川省甘孜藏族自治州旅游发展总体规划》(2000—2015 年) 涉及四川省甘孜州行政地域范围，其中重点开发“东部一个圈，南北两条线”，优先发展旅游区，兼顾全州。甘孜州主要旅游资源分布如图 2-3 所示。

2.3 规划区旅游资源概述

甘孜州地处青藏高原东部横断山区，地域广阔，自然环境极其复杂，文化历史悠久，具有丰富而且独具特色的旅游资源。全州目前有国家级风景名胜区 1 处，国家级自然保护区 3 处，省级自然保护区 15 处，州级自然保护区 5 处，县级自然保护区 5 处；重要的自然生态区 20 处；国家级保护文物单位 2 处，省级文物保护单位 5 处，州级文物保护单位 53 处；已开放宗教寺庙 500 余座。

2.3.1 自然景观资源

甘孜州自然景观资源可分为生态旅游资源、观光旅游资源、休闲度假旅游资源、登山旅游资源、漂流探险旅游资源和科考科普旅游资源 6 类。甘孜州作为我国西部生态旅游区的重要组成部分，生态旅游资源属于该区域主要自然景观资源。

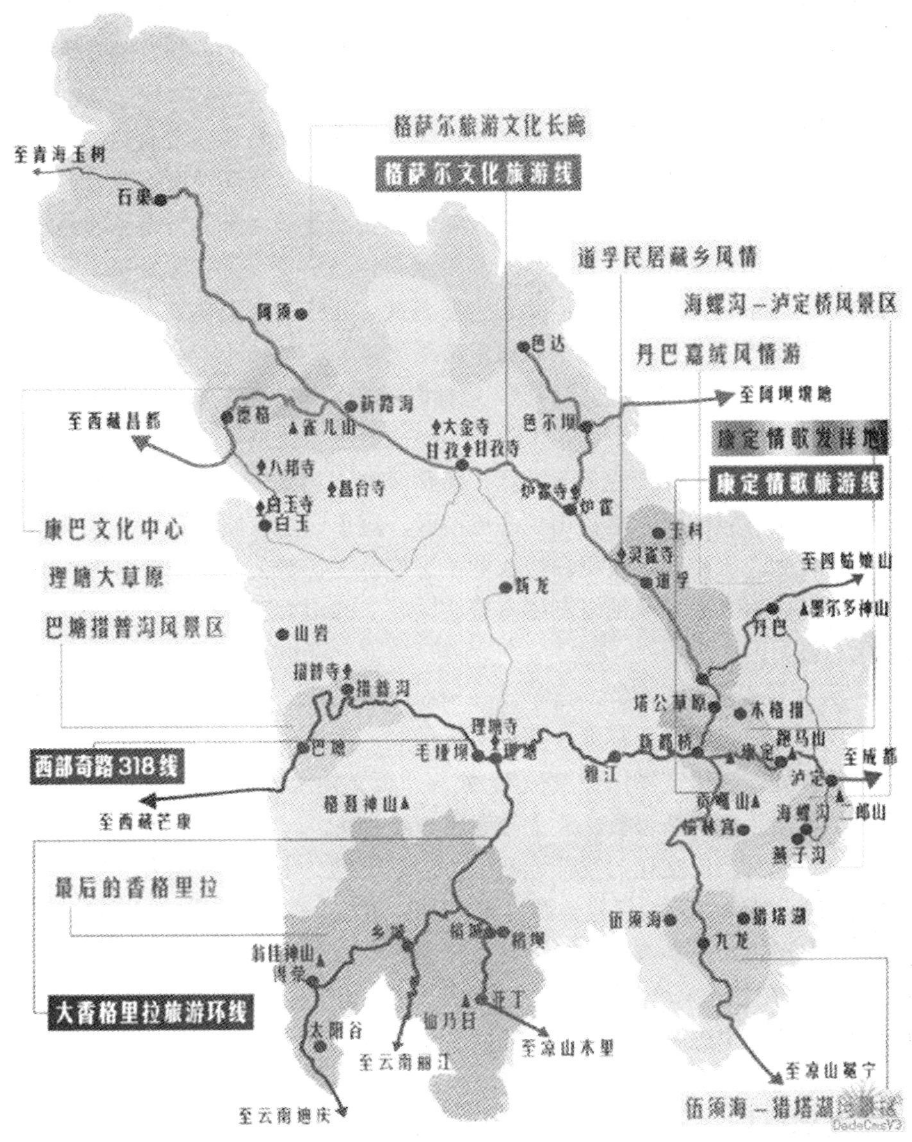

图 2-3 甘孜州旅游图

甘孜州地处长江上游，青藏高原横断山区，气候带谱相对完整，地貌类型从低中山峡谷区直至中高山峡谷区、高山峡谷区、极高山区。由于地形复杂，高差悬殊，形成了从亚热带、暖温带、寒温带、亚寒带直至高山永冻带的立体气候带谱，各种不同气候带谱的生物物种在此繁衍聚集，尤其是大量的珍稀动植物和孑遗物种分布于此，使生物多样性特色十分突出，是四川省保护区数量最多、面积最大、生物物种最丰富的地区，有“生物多样性基因库”的美誉，为全国乃至世界陆生生态系统所罕见。

根据生态系统的性质及其结构功能，全州生态旅游资源主要有 11 个基本类型，包括亚热带湿润性高山复合带生态系统、亚热带亚湿润性河谷复合带生态系统、暖温带湿润性高山复合带生态系统、暖温带亚湿润河谷复合带生态系统、中温带湿润性高山复合带生态系统、寒温带湿润性高山复合带生态系统、亚寒带湿润性山原生态系统、亚寒带高原宽谷生态系统、亚热带人工林生态系统、高原寒温带人工青杨林生态系统及高山农业生态系统。

全州共规划有 20 个生态旅游区，包括海螺沟生态旅游区、燕子沟－雅家埂生态旅游区、草溪沟生态旅游区、木格措生态旅游区、伍须海生态旅游区、亚拉雪山生态旅游区、墨尔多山生态旅游区、新路海生态观光旅游区、火龙沟生态旅游区、措木沟生态旅游区、格聂山生态旅游区、海子山生态旅游区、亚丁生态旅游区、帕姆岭生态旅游区、茨巫白松农业生态旅游区、普公坝生态旅游区、毛垭坝生态旅游区、察青松多及纳塔湖生态旅游区、二郎山人工林生态度假区及稻城青杨林生态旅游区。

2.3.2 人文景观资源

甘孜州是康巴文化发祥地，历史文化灿烂，民族风情多彩，现有国家级文物保护单位 2 处，省级文物保护单位 17 处，州级文物保护单位 52 处；已开放的藏传佛教、伊斯兰教、基督教、天主教寺庙 500 余座。

甘孜州作为康巴文化的发祥地和中心，以康巴文化为代表的人文生态是甘孜州最独特、最具吸引力的优势旅游资源。甘孜州又是茶马古道的中心和主干路段，有大量历史遗迹和众多茶马古镇。甘孜州的红色旅游资源亦十分丰富，红军长征时有 15 个月在甘孜州境内活动，足迹遍及全州 16 个县，留下“飞夺泸定桥”、“甘孜会师”等革命史迹和众多文物、遗址、纪念地。

2.4 规划目标

规划最终目标是在 2015 年前后，将甘孜州建成四川省和中国推向全国和世界旅游市场的“生态旅游和自然资源以及康巴文化旅游目的地”；将旅游业培育成甘孜州第三产业的龙头产业，并成为全州第一大支柱产业。计划到 2015 年当年旅游总产值达 20.89 亿～37.73 亿元。2005 年、2010 年、2015 年分阶段规划目标如表 2-4 所示。

表 2-4 甘孜州规划各时期旅游业发展目标

规划时间	当年接待游人数/万人次			当年总产值/亿元
	国内	国外	总计	
2005 年	48.91	2.57	51.48	2.73～5.28
2010 年	98.38	6.4	104.78	9.05～16.37
2015 年	152.73～167.24	11.77～12.87	164.43～180.11	20.89～37.73

2.5 规划总体布局

根据规划，甘孜州旅游开发总体结构为“一、一、二、二、三、四、九”，即一个中心、一条主环线、两大交通枢纽、两条主干线、三个旅游片区、四个主要旅游目的地、九个主要自然生态风景名胜区（图 2-4）。

一个中心，即甘孜州旅游中心支撑点——康定城。

一条主环线，即熊猫生态旅游线西环线。以成都为起点，经过都江堰—卧龙—四姑娘山—丹巴藏族文化—亚拉风景区—八美—塔公—康定—海螺沟，经雅安返回成都。

两大枢纽，即康定城和理塘县城。

两条主干线，即北干线（以 317 国道线为主），从康定出发，经道孚—炉霍—甘孜—德格进入西藏；南干线，由康定向西沿 318 国道线经理塘—巴塘进入西藏。又从理塘沿理中路南行到达稻城—乡城—得荣进入云南省境内。

三个旅游片区，即康巴风情与生态观光度假旅游区，康巴文化旅游区，香格里拉生态旅游区。

四个主要旅游目的地，即磨西镇、康定城、德格县城和稻城亚丁。

九个主要自然生态风景名胜旅游区，即贡嘎山—海螺沟冰川公园，康定—跑马山—木格措—塔公自然生态区，亚拉自然生态区，九龙—伍须海自然生态区，稻城—亚丁自然生态区，理塘—格聂山自然生态区，巴塘—措木沟自然生态区，格西沟—帕姆岭自然生态区和德格—新路海自然生态区。

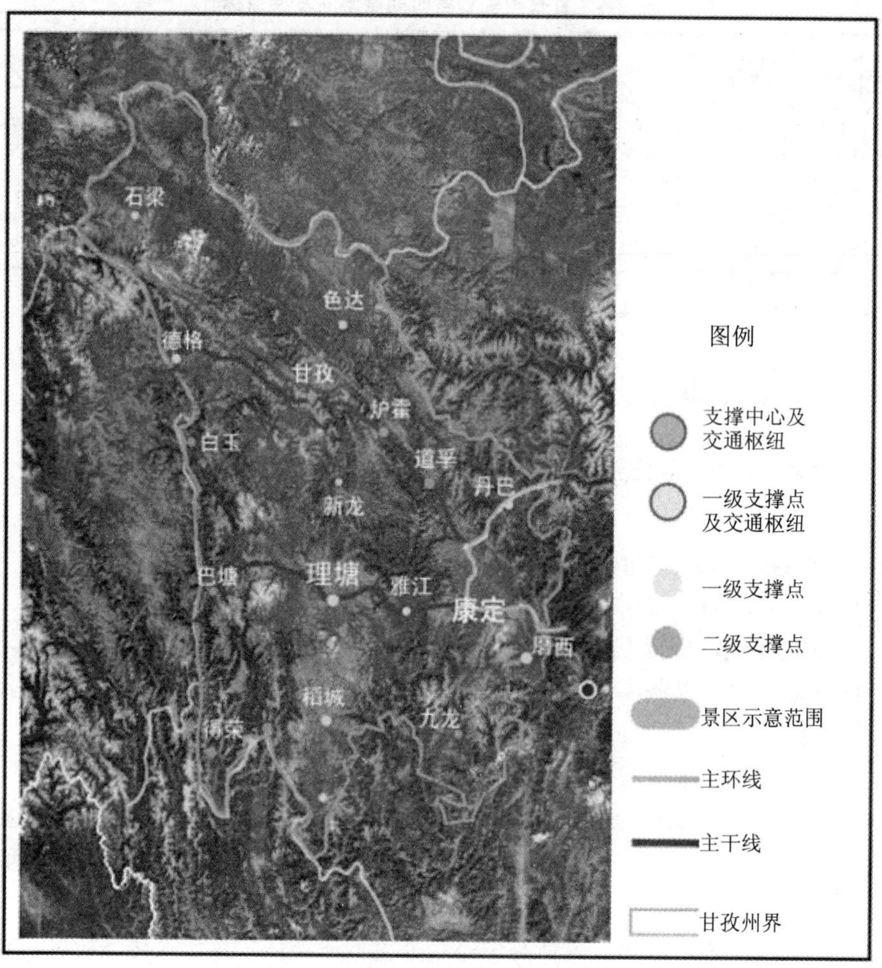

图 2-4 甘孜州旅游发展总体布局示意图

2.6 规划内容

2.6.1 三个旅游片区规划内容

规划重点对三个旅游片区的旅游发展进行了规划，具体内容及规划目标详见表 2-5 至表 2-8。

表 2-5　三个旅游片区规划构想

	康东旅游片区	康南旅游片区	康北旅游片区
规划目标	1. 到2010年海螺沟冰川公园与康定城及周边景区两个高标准的旅游观光、度假基地建成，接待游客总量在2005、2010、2015年分别占全州接待游客总人次的70%、65%和60%（现状） 2. 康定城建成全州游人集散中心和交通枢纽、旅游信息服务中心、人才培训中心和组织管理中心 3. 全州与世界接轨的高水平的管理、促销和服务体系基本建成 4. 各旅游景区游人发展目标详见表2-6	1. 2005年完成318国道和理中路改造的基础上，建成通往各主要景区的交通网络（现状） 2. 2005年前稻城—亚丁旅游区完成道路建设和接待设施配套工作，年接待游人3.7万人次；2010—2015年进行旅游资源深层次开发，亚丁接待游人达到15万人次（现状） 3. 2010年前完成旅游一级支撑点和交通枢纽地——理塘的城市建设和接待设施配套工作 4. 川、滇两省共建两条黄金旅游环线 5. 康南片区接待游人总数在2005、2010、2015年分别占全州的20%、23%、25.5%。各景区游人发展目标见表2-7	1. 近期重点建设以德格为主要目的地的康巴文化黄金旅游线，包括沿线重要寺庙和接待点；中、远期再开发若干条辅助线和全面开发徒步、驾车以及观赏野生动、植物等新的旅游产品 2. 近、中期建设以德格为中心的包括八邦寺、新路海在内的德格—新路海风景旅游区；中远期不断丰富与提高，使之成为以康巴文化为主体与自然景观紧密结合的国际、国内一流的旅游区（现状） 3. 各级支撑点的建设初具规模并逐步完善；通往各县、各主要景区的交通网络已经形成 4. 康北旅游片区接待游人总数在2005、2010、2015年分别占全州的10%、12%、68%。各景区游人增长目标见表2-8
可持续发展规划构想	以康定城为中心，海螺沟冰川公园、康定旅游区为两个主要目的地	形成康定—西藏、理塘—云南的主干线，得荣—德格、理塘—317国道的辅助线	形成成都—西藏的主干线，德格—巴塘、甘孜—白玉、炉霍—青海斑马或果洛、青海玉树—西藏的辅助线
景区结构	康定旅游区 海螺沟冰川公园 丹巴旅游区 亚拉（雪山）旅游区 九龙县伍须海旅游区、莫溪沟旅游区	稻城—亚丁旅游区 格聂山旅游区 措木沟旅游区 格西沟—帕姆岭旅游区	德格—新路海风景旅游区 外围景点包括：格萨尔王纪念堂、竹庆寺、协庆寺等
支撑点结构	中心支撑点：康定城 一级支撑点：磨西镇、巴丹县 二级支撑点：泸定、道孚、九龙 三级支撑点：各景区入口或内部	一级支撑点：理塘、稻城 二级支撑点：巴塘、乡城、得荣 三级支撑点：雅江	一级支撑点：德格 二级支撑点：道孚、炉霍、甘孜、白玉 三级支撑点：石渠、色达、新龙

表 2-6　康东旅游片区主要旅游点游客增长规划表　　单位：万人次

时序 旅游景区	2005 年	2010 年	2015 年	
			Ⅰ	Ⅱ
泸定海螺沟	12.62	23.85	35	35
康定及周边景区	16.22	30.65	45	48
丹巴	3.60	6.81	10	12
九龙伍须海	1.80	3.40	5	5
亚拉风景区	1.08	2.04	3	4
道孚	0.72	1.36	2	3
总计	36.04	68.11	100	107

注：Ⅰ代表第一方案目标，Ⅱ代表第二方案目标。

表 2-7　康南旅游片区主要旅游点游客增长规划表　　单位：万人次

时序 旅游景区	2005 年	2010 年	2015 年	
			Ⅰ	Ⅱ
稻城	1.24	2.89	5	5
亚丁	2.47	5.79	10	10
理塘	2.88	6.75	12	12
格聂山	0.72	1.69	3	3
巴塘—措木沟	0.51	1.20	2	3
格西沟—帕姆岭	0.51	1.20	2	4
乡城	1.24	2.89	5	5
得荣	0.72	1.69	3	3
总计	10.29	24.10	42	45

注：Ⅰ代表第一方案目标，Ⅱ代表第二方案目标。

表 2-8　康北旅游片区主要旅游点游客增长规划表　　单位：万人次

时序 旅游景区	2005 年	2010 年	2015 年	
			Ⅰ	Ⅱ
德格	1.39	3.40	6	6
新路海	0.93	2.26	4	4
甘孜	0.92	2.26	4	5
炉霍	0.46	1.14	2	3
白玉	0.82	2.01	3.5	4.11
石渠	0.21	0.50	1	2
色达	0.21	0.50	1	2
新龙	0.21	0.50	1	2
总计	5.15	12.57	22.5	28.11

注：Ⅰ代表第一方案目标，Ⅱ代表第二方案目标。

2.6.2　景区开发建设规划内容

景区开发建设规划主要规划了近期优先重点开发的景区，规划建设内容及主要景点建设内容见表 2-9 和表 2-10。

表 2-9　近期优先重点开发景区建设规划

<table>
<tr><th>序号</th><th>景区名称</th><th>建设规划</th><th>建设内容</th></tr>
<tr><td rowspan="4">1</td><td>康定景区</td><td>旅游接待及服务中心</td><td>旅游服务中心大楼（10 层楼以上）
停车场
道路及辅助设施</td></tr>
<tr><td>跑马山</td><td>跑马山城市公园建设</td><td>南北山门
票房
停车场
公园内部建设
给排水工程、供电工程</td></tr>
<tr><td>木格措</td><td>景区建设</td><td>景区人口
停车场
景区内部建设（不修公路）</td></tr>
<tr><td>莫溪沟景区</td><td>游人接待中心</td><td>入口大门
停车场
旅游中心楼及辅助建筑
景区内建设</td></tr>
<tr><td>2</td><td>海螺沟景区</td><td>磨西镇建游人解说中心
中远期建五星级宾馆</td><td>景区内设施的建设和维修
磨西镇修建观景台
冰川公园入口处建入口广场
加强景区内污水及垃圾处理</td></tr>
<tr><td>3</td><td>亚丁景区</td><td>修建公路</td><td>日瓦—亚丁村公路
康古—亚丁马道整修
游人接待中心
给、排水设施，供电管线</td></tr>
<tr><td>4</td><td>德格县景区</td><td>德格县经院改造</td><td>新建的各县经院分院
游人接待中心
停车场</td></tr>
<tr><td>5</td><td>新路海景区</td><td>游人接待中心</td><td>景区内设施建设</td></tr>
<tr><td>6</td><td>亚拉景区</td><td>游人中心</td><td>公路建设
景区内建设
给、排水设施，供电管线</td></tr>
<tr><td>7</td><td>丹巴景区</td><td>改造建游人中心</td><td>旅游中心大楼
停车场
中心广场
道路及其他辅助设施</td></tr>
</table>

表 2-10 主要旅游景点及景点建设内容与规模

主要片区	主要旅游区	旅游区景点名称	地理位置	面积	主要建设内容与规模	备注
康东旅游片区	康定旅游区	康定城	康定县城		甘孜州游人接待服务中心，包括综合楼、广场、停车场旅游服务中心占地 20 000 m^2，中心大楼占地 4 000 m^2，建筑面积 35 000 m^2，旅游中心广场占地 3 000 m^2，停车场占地 3 000 m^2，游园占地 8 000 m^2，亭、廊等建筑小品 5 处，建筑面积 360 m^2，道路及铺装 2 200 m^2，多语种标志牌 20 个，城市中心设步行街及旅游商品一条街，设立城市标志牌、门楼或代表城市形象的雕塑，改、扩、新建旅游宾馆和旅行社，建康定机场，改建康定汽车站，改扩建主要道路等	丰富的自然和人文旅游资源，是甘孜州旅游业发展的重要门户与首选目的地，全州旅游中心支撑点
		跑马山-城市公园	康定县城东南角		藏式南大门，入口广场占地 1 200 m^2，其中售票房、大门等建筑面积 90 m^2，停车场占地 800 m^2，汉式北大门，入口广场占地 1 000 m^2，其中售票房、大门等建筑面积 80 m^2，停车场占地 700 m^2，山顶表演场附属建筑，建筑面积 180 m^2，2～3 个水冲式厕所，共 30～50 个厕位，移动厕所（男女各半）4～6 个，景区建筑小品（亭、棚等）5 个，建筑面积 170 m^2，新建游道 1 500 m^2，多语种标志牌 60 个，垃圾或果屑箱 35 个，加强园林开发，建喷水池，改修建游山步行道等	每年举行“转山会”（藏历 5 月 13 日），有寺庙、白塔各 1 座
		木格措-生态观光与水上活动区	主体位于海拔 3 700 m 以上的高原面上	水域面积 4 km^2	景区入口广场，占地 1 500 m^2，其中大门及附属建筑，建筑面积 400 m^2，停车场，占地 2 000 m^2，景区内的建筑小品（亭、廊、棚等）8 处，建筑面积 600 m^2，30 个厕位（带英式蹲位）的水冲式厕所 1 个，环保式移动厕所 6～8 个，修建游人步道（2.3～3 m 宽）10 km，垃圾或果屑箱 30 个，标志牌 36 个，新建观光摄影点 4～6 个，占地 2 400 m^2，各主要景点增设导游图等	川西最大的高山湖泊之一，主要由红海、白海、黑海及 30 多个无名海组成，包括杜鹃峡、药池沸泉、七色海、芳草坪、名贵中草药和藏牧民风情风光等景点

主要片区	主要旅游区	旅游区景点名称	地理位置	面积	主要建设内容与规模	备注
康东旅游片区	康定旅游区	榆林宫-温泉保健疗养度假村	贡嘎山国家风景名胜区北坡		建温泉保健、疗养度假村，游览服务中心、医疗急救保健中心、文化娱乐中心，旅游网络，磨西—雅家埂—榆林宫旅游公路，建藏式建筑及其服务设施等	贡嘎山地区温泉集中分布的地区之一，以高热泉为主的混合型泉群
		二道桥温泉				
		塔公草原-藏乡风情游	距康定城较近，以雪山为背景，有318国道通过		恢复原河道及草原生态环境；设立游人接待站；建设游人帐篷住宿区；建立带英式蹲位水冲式厕所或移动式厕所；建设塔公镇街容街貌；设立旅游商品一条街等	由塔公寺和塔公草原组成，是藏族文化与宗教文化、草原风光的有机结合
	贡嘎山—海螺沟冰川公园旅游区	海螺沟冰川公园	泸定县境内，贡嘎山主峰东坡		整个景区建筑安排：游人解说中心，建筑面积（磨西镇）700 m^2，改造观景点 7 个，多语种标志牌 150 个，厕所共 150 个厕位，步行道建筑路 10 km，土路 90 km，广场、公园（磨西镇），占地 37 000 m^2，停车场（磨西镇），占地 2 000 m^2，环保垃圾箱 150 个左右等 海螺沟冰川公园：3 号营地下游修建一座三星级宾馆，设计接待能力 200 床位；增加厕所等设施；景区旺季游客分流：开发海螺沟内新的徒步游道、高山探险旅游线路和磨子沟、燕子沟、猪腰子海至雅家埂旅游线路；2 号营地温泉引至 1 号营地以下建立温泉疗养区等。 泸定县城：设游人接待服务中心，开发多条旅游线路；城区中心设立旅游商品专卖店或一条街；拆除沿 318 国道两侧，尤其在泸定桥头 200 m 范围内的农贸市场；重新圈定贡嘎山（含海螺沟）风景名胜区范围等。 泸定县城区附近：修建二郎山隧道等	国家级重点风景名胜区。融雪峰、冰瀑布、原始森林、瀑布、温泉于一体
		泸定县城				长征文化与民族文化交融
		泸定县城区附近	泸定县城附近			有二郎山森林公园、泸定铁索桥、泸定桥纪念馆、红军飞夺泸定桥指挥部旧址、朱德纪念馆、观音庙、岚安苏维埃政府旧址等。其中二郎山森林公园占地 3 万亩。
		磨西旅游镇	海螺沟口			具有典型的农村小镇田园风光和历史及文化建筑物
		燕子沟				
		雅家埂				

主要片区	主要旅游区	旅游区景点名称	地理位置	面积	主要建设内容与规模	备注
康东旅游片区	丹巴旅游区	墨尔多神山	丹巴城区附近	主峰海拔 4 755 m，相对高差 2 500 m	旅游中心大楼，建筑面积 20000 m^2；停车场，占地 1 000 m^2；广场，占地 500 m^2；古碉标志大门入口，占地 120 m^2。对丹巴宾馆进行改扩建，将县城-摩尔多山大草原公路改建为山重四级公路，改造现有近 40 km 的游山道，开辟一些新游道（宽 2～2.5 m），设多种文字的标志牌，大草坪处建帐篷接待点，提高寺庙接待设施水平等	有自生塔、藏经洞等景点
		嘉绒藏区民风民俗	摩尔多神山下			包括甲居山寨、布科寨、梭破古碉、中路石棺群等景点
		莫斯卡自然保护区	丹东乡境内			白唇鹿、盘羊等野生动物
	亚拉雪山旅游	亚拉自然风景区	丹巴到塔公的主环线上	主峰海拔 5 820 m	入口广场，占地 1 500 m^2，大门及辅助用房，建筑面积 150 m^2，停车场，占地 2 200 m^2，停车场，占地 800 m^2，景区内建筑小品（亭、廊、棚等）5 处，建筑面积 200 m^2，带英式蹲位水冲式厕所 10 个厕位，环保式移动厕所 4～5 个，标志牌 23 个，公路改建山重 4 级 22 km，步行道 5 km，建成以主环线为主体通往个主要旅游景点的交通网络体系	主要是雪山、草地、红杉原始森林及相隔很近的三个海子、温泉、瀑布、现代冰川组成
		八美土石林	八美镇东南	石林分布面积约 5 km^2		石林如群峰赴会，塔林相融合
		惠远寺	距亚拉风景区 15 km	占地 500 余亩	八美土石林：建立简易接待设施和厕所，设立游人接待点和旅游商品专营店	庙内有各式碑文、唐卡、彩色佛像、千盏佛灯等。申报省级文物保护单位

主要片区	主要旅游区	旅游区景点名称	地理位置	面积	主要建设内容与规模	备注
康东旅游片区	九龙县伍须海旅游区	伍须海	九龙县，景区山上		景区入口广场，占地 1 800 m^2，其中附属建筑建筑面积 300 m^2；停车场，占地 1 000 m^2；带英式蹲位水冲式厕所 1 个，具有 20 个蹲位；环保式移动厕所 6～8 个；观景（亭、棚、台）4 处，占地 1 600 m^2；环湖游道（宽 1.5～2.5 m）2.5 km；垃圾及果屑箱 12 个；景区内其他建筑小品（亭、棚等）4 处，占地 280 m^2；多语种标志牌 28 个；500 kW 水电站 1 座	贡嘎山国家风景名胜区西南坡的主体景区
		鸡丑山	景区最高处	海拔 5 200 m		生态环境原始，野生动植物丰富，有游海节（藏历 6 月 4 日）
		天生桥				
		金字塔峰				
		镇海石				
		九龙河—雅砻江峡谷				
		原始森林				
		十二姐妹峰	景区左侧			
		亚高山草甸	景区山上			

主要片区	主要旅游区	旅游区景点名称	地理位置	面积	主要建设内容与规模	备注
康东旅游片区	莫溪沟旅游区（徒步、科普与科考、探险生态旅游区）	莫溪沟	贡嘎山底	流域面积 1 394km^2	景区入口及广场，占地 1 000 m^2；停车场，占地 600 m^2；旅游中心楼，建筑面积 4 500 m^2；辅助建筑，建筑面积 1 000 m^2；景区内的建筑及小品（亭、廊、棚等）23 处，占地 1 800 m^2；观景（亭、棚、台）点 11 个，占地 620 m^2；带英式蹲位水冲式厕所 30 个厕位；环保式移动厕所 12 个；修建游步道（宽 2～2.5 m）60 km；多语种标志牌 45 个。将人中海尾建成水电站调节水库	贡嘎山最大河流
		高山湖泊				有人中海尾、巴王沟海
		瀑布群	集中于界碑石一带河谷两侧			主要景点有：神仙水瀑布、油房沟瀑布、廖家瀑布和猿人瀑布
		温泉				大热水、小热水温泉
		现代冰川	贡嘎山			属于贡嘎山冰川的一部分，莫溪沟大部分支沟源头都有，共计 159 条，其中以贡嘎山主峰西坡的大、小贡巴冰川及巴王沟冰川最壮观
		贡嘎寺				人文景观历史悠久
		子梅村				以人文原始为特色
		康定六巴乡玉龙西	贡嘎山西坡			有长达 4 km 的泉华滩及 7 级彩色泉华池、玉龙西草原和六巴原始森林
康南旅游片区	稻城—亚丁旅游区	亚丁自然保护区	稻城县城南部 90 km	880 km^2	景区入口广场，占地 1 200 m^2；景区内别墅及其附属建筑，建筑面积 13 000 m^2；观景台（亭）1 个，占地 600 m^2；景区内的建筑小品（亭、棚、廊等）6 处，占地 240 m^2；日	由自然景点和贡嘎日松贡布（三座峰）组成，有五色海等海子和冰川、原始森林、草地、溪流等

主要片区	主要旅游区	旅游区景点名称	地理位置	面积	主要建设内容与规模	备注
		海子山自然保护区	稻城县城北部	3287 km^2	观景点 6 处，占地 1 800 m^2；停车场 1 个，占地 2 000 m^2；垃圾处理场 1 个；汽车加油站 1 个；带英式蹲位水冲式厕所 60 个蹲位；环保式移动厕所 8～10 个；公路（山重三级）34 km；步道及马道 45 km；垃圾及果屑箱 112 个；多语种标志牌 128 个	主要景点有：雄登寺、贡嘎岭寺、奔波寺、直贡寺等
		稻城县城			城市公园：入口广场，占地 3 000 m^2；停车场，占地 1 500 m^2；旅游中心大楼，建筑面积 2 500 m^2；观景亭 5 个，占地 100 m^2；休息廊 2 个，占地 460 m^2；园林小品 18 处，占地 600 m^2；带英式蹲位水冲式厕所 2 个 20 个蹲位；环保移动厕所 8～10 个；多语种标志牌 56 个	有川西最大的人造育杨林，典型的康巴南路田园风光，城市公园，茹布温泉等
	格聂山旅游区	理塘县城及近郊景点	318 国道线与理中路的交叉点上		景区入口广场，占地 1 200 m^2；歌舞表演场地，占地 600 m^2；停车场，占地 1 000 m^2；宾馆（50 个床位），建筑面积 1 500 m^2；游人俱乐部，建筑面积 1 200 m^2；野生动物观景台 1 个，占地 600 m^2；观景点 6 处，占地 1 800 m^2；	主要景点有：长春春科尔寺、毛娅温泉、“八一”赛马场、扎噶神山、地震断裂带、七世达赖出生地、白塔公园等
		格聂山自然生态区	距县城 110 km		建筑小品（亭、棚等）4 处，占地 360 m^2；水冲式厕所 2 个，20 个蹲位；环保式移动厕所 6～8 个；公路（山重三级）95 km；游道（宽 1.5～2.5 m）28 km；标志牌 82 个。	主峰海拔 6 204 m，系康南第一峰，四川第二峰
		格木景区			白塔公园：大门入口及广场，占地 1 600 m^2，其中建筑 120 m^2；停车场 1 500 m^2；餐厅、茶室及附属建筑 1 200 m^2；	
		毛垭坝大草原			建筑小品（亭、棚、廊等）12 处，占地 800 m^2；水冲式厕所 2 个 20 厕位；标志牌 36 个	
康南旅游片区	巴塘—措木沟旅游区	巴塘县城	川西边陲的川、滇、藏三省结合部		游人中心，广场及游人休憩地，占地 2 000 m^2；宾馆及其附属建筑，建筑面积 2 500 m^2；建筑小品（亭、棚、廊等）6 处，占地 420 m^2；带英式蹲位水冲式厕所 2 个，共 20 个蹲位；环保式移动厕所 6～8 个；标志牌 45 个；观景点 3 处，	主要景点有：巴山雪山、古桑抱石、温泉沐浴、烈士陵园、烫地佛塔、地震纪念牌、参天古柏、康宁寺、巴塘弦子、热巴、藏戏等

主要片区	主要旅游区	旅游区景点名称	地理位置	面积	主要建设内容与规模	备注
		措木沟风景区	巴塘县城北部的茶洛乡		占地 1 000 m^2；茶洛—措普湖公路（山重 4 级）25km，步行道（宽 1.5～2m）4km。巴塘县城设立旅游商品专卖店等	主要景点有：茶洛间歇喷泉群、冰川、草坪、章德大草原的古冰川地貌以及古冰川堰塞湖、措普湖等
	格西沟—帕姆岭旅游区	雅江县城	甘孜州南部，雅砻江中游		游人接待中心，占地 5 900 m^2，其中广场占地 1 600 m^2；停车场占地 1 500 m^2；宾馆及附属设施建筑面积 2 400 m^2；水冲式厕所 1 个，共 10 个厕位；管理及辅助用房面积 400 m^2。城区主要是加强城市基础设施建设，改造现有宾馆	州南线旅游第一站
		格西沟自然保护区	雅江县西北			该区是省级短尾猴高山生态自然保护区
		帕姆岭生态旅游区	雅江县东北			保存有较完好的森林植被和草地，帕姆寺等景点
		希若生态旅游区	雅江县西南西绒洛、麻郎错、德差三乡境内	180 km^2		主要景点有：高山峡谷（唐岗峡）、瀑布、原始森林、高山草甸、野生动物、雪山与高山冰川湖泊、郭沙寺及昌多寺等
	其他旅游区	乡城县城	甘孜州西南边陲		在巴姆山宾馆设立游人接待服务中心，开发和建设果园、热乌温泉、热乌沟高山湖泊、民居等，开辟多条旅游线路	主要景点有：桑披寺、热打寺、热乌温泉及绒绕山
		得荣县城	处川、滇、藏结合部的甘孜州的南大门		开辟游人步行道，建立县城通往翁佳、龙绒寺和格忠雪山的交通体系，改造宾馆，并设游人接待处	主要景点有：翁佳山及翁佳寺、龙绒寺、格忠雪山、日主共草原、茨巫、白松乡生态农业区、瓦卡、古学生态移民区、硕曲河峡谷区等
康北旅游片区	德格—新路海旅游区	德格县城	甘孜州西北边陲		建设市容市貌，包括设游人步行道和旅游商品一条街等	
		更庆寺	德格城区		设高档次水冲式厕所，建展览馆等	保存典籍等最多、最完整、历史最悠久的文化宝库

主要片区	主要旅游区	旅游区景点名称	地理位置	面积	主要建设内容与规模	备注
		八邦寺	八邦乡政府北300m处		建游人接待站，停车场，1家80～100床位星级宾馆，设高档次水冲式厕所，建展览馆等	海拔3 900m，是省级重点文物保护单位
		印经院	德格城区		拆除一些与印经院不协调和距离过近的居民建筑，迁出全部印经院与更庆寺之间的民居及单位。修建一座外部结构造型与原印经院相同的分院，建筑高三层，内部引入先进的各种展览、防盗和采光、照明等设施、珍贵文物库房、文物展厅、计算机房等，原印经院中刻板、制版、印刷等作坊迁入作坊，休息室、藏文化研究室、会议室、高档卫生间等；建1个游人接待中心，为藏式三层，设150个床位，内设信息咨询部、游人接待部、旅游质检部、旅游局等机构及游人活动中心；调整和改造原印经院的文物保护、安全、采光、通道等；建1个停车场，30位	藏族文化（康巴文化）和藏区宗教文化缩影，全国重点文物保护单位之一
	新路海自然风景区	高原湖泊新路海	距德格县城100km的雀儿山麓，川藏公路旁		入口广场，占地1 000m²；停车场，占地1 000m²；宾馆及其附属建筑，建筑面积2 500m²；建筑小品（亭、棚、台等）2个，占地800m²；带英式蹲位水冲式厕所1个10个厕位；环保式移动厕所4～5个；环湖游道（宽1.5～2.5m）2.5km；垃圾箱8个；多语种标志牌26个	被誉为“西天瑶池”，有高原生态旅游、观光、摄影及科普旅游、科研研究等旅游价值
		白唇鹿自然保护区			高原湖泊新路海：建设湖边步行道，增加观景亭和休息亭，设活动厕所，加强固体垃圾处理 白唇鹿自然保护区：建立游客参观走廊、瞭望台等	有10余种一级保护动物，33余种二级保护动物，其中以珍贵特产白唇鹿为主
	岭·格萨尔王诞生地景区	纪念堂			重新建一座纪念堂及其各种接待设施，内部用现代声、光、互动式高科技手段进行布展，建停车场、游人接待设施等	完全是一种寺庙建筑风格
		岭·格萨尔王出生地	阿须乡雅砻江畔			具有国内外各地已出版的岭·格萨尔王史诗文本及有关资料

主要片区	主要旅游区	旅游区景点名称	地理位置	面积	主要建设内容与规模	备注
康北旅游片区	其他景区	道孚县城	康东和康北旅游片区的分界点上		城市中心区设步行道和旅游商品一条街，增设冲水厕所和鼓励垃圾处理设施，将胜利塔给公园建成大型城市公园，设立全县游人接待中心 城市公园：大门入口广场，占地 3 000 m^2，其中建筑面积 120 m^2；停车场 2 000 m^2；大型娱乐表演场 300 m^2；挖人工湖 5 000 m^2；接待室，占地 800 m^2；餐厅、茶室及辅助建筑，建筑面积 1 800 m^2；游船码头，占地 600 m^2；建筑小品（亭、廊、橱等）15 处，占地 900 m^2；带英式蹲位水冲式厕所 3 个，男女各 15 个厕位；环保式移动厕所 6～8 个；多语种标志牌 38 个	有藏民居、灵雀寺、胜利塔和城市公园等景区
		炉霍县城	道孚至甘孜和马尔康至甘孜的两线交叉点上		加强基础设施建设，改善市容市貌，市中区和车站附近增建水冲式厕所，改扩建现有招待所，城中心设游人接待中心，设游人步行道和旅游商品专卖店，路口、车站设指示牌	有卡沙湖自然保护区、寿灵寺、觉日寺、地震遗址及纪念塔、关门山风景区、充古石棺墓群等景点
		甘孜县城			城中心设游人接待服务中心，建游人步行道与旅游商品一条街。团结林公园设儿童游戏设施及场地，加强园内绿化及卫生管理，建带英式蹲位水冲式厕所，设多语种标志牌及说明文字等。将团结林公园建成高温喷泉公园区及温泉疗养度假地的大型综合性城市休闲度假公园	有大金寺、甘孜寺、团结林公园、温泉公园、东谷寺、乃龙山、白利寺、朱德纪念馆、格达活佛纪念馆等景点
		白玉县城			城市公园建入口广场，占地 1 000 m^2；旅游中心大楼，建筑面积 2 000 m^2；各种园林建筑小品 7 处，占地 200 m^2；带英式蹲位水冲式厕所 1 个 20 个蹲位；多语种标志牌 21 个。新建政府招待所，建设县城到各景点的交通网络，建设县城基础设施和旅游接待设施，城中区及寺庙附近增加水冲式厕所，在游人集中区及重要景点设汉、藏、英文的标示牌和景点简介，建立游人活动中心	有城市公园、河坡乡民族工艺制品基地、白玉寺、嘎拖寺、安章寺、火龙沟、察青松多自然保护区、纳塔湖生态区、阿仁沟密枝园柏林生态区、山岩文化、萨玛王朝遗址、岗托—八节金沙江探险漂流段等景点

主要片区	主要旅游区	旅游区景点名称	地理位置	面积	主要建设内容与规模	备注
康北旅游片区	其他景区	石渠县城	四川、青海和西藏三省交界处		组建旅游管理机构，改建马尼干戈至边界 300km 的道路（按山重三级公路标准），改造县城到各重要景区的道路；建立全县游人接待服务中心，组建旅游开发公司和旅行社等	有色须寺、南马拉宫、照阿拉姆石刻、巴格嘛呢石经、呷依温泉、普公坝（大草原）、空投罗马沟、红旗桥自然保护区、长沙贡马自然保护区、洛须自然保护区等景点
		色达县城	巴颜喀拉山南麓甘孜州西北部		建设城市基础设施和旅游接待设施，改善市容市貌和城区环境卫生；改造现有宾馆，在城中心设游人接待服务站等	主要景点有邓登曲登佛塔、金马塑像、吉祥经院、洞嘎寺、竹日神山、喇荣寺、五色海、神仙岩、甲学秋色、色尔坝民宅、色柯草原风光、民俗文化村、年龙森林风光等
		新龙县城	甘孜州中部		改建公路使新龙的旅游线路与全州的旅游干线联网，新改建宾馆，建设城区基础设施和旅游设施，城中建 1 个游人接待服务站等	主要景点有“两山”（日巴雪山、雄龙西神山）、两沟（格日沟溶洞风光、拉日马沟草原）、两寺（益西寺、瓦秋寺）、雅砻江峡谷、措噶玛松高山湖泊群、喀洼老热峰登山区、阿甲寺珍贵壁画、瓦秋寺苯波教“甘珠尔”孤本等

2.6.3 相关交通发展规划内容

（1）公路主干线建设：在二郎山隧道工程顺利竣工后，加大对国道 318 线、317 线的整治、改造投入，加快其建设进程。

（2）进出州公路建设：重点改造和维护泸石路、理中路（理塘—稻城—乡城—得荣—云南中甸）、九江路、小丹路、乡中路（乡城—中甸）、色（达）斑（马）路、马（尼干戈）石（渠）路等，达到山重三级标准。

（3）州内腹心公路建设：按期完成川藏中线、瓦丹路（瓦斯沟—丹巴）、巴（塘）白玉路、德（格）白（玉）路、白（玉）新（龙）路、新（龙）理（塘）路、甘（孜）白（玉）路、甘（孜）新（龙）路、色（达）翁（达）路、炉（霍）翁（达）路（国道 317 县路段），以及色（达）甘（孜）路和道（孚）雅（江）路、岗俄路等腹心公路的建设和改造，改善州内县际交通状况。

（4）经济路建设。

（5）继续进行康定新都桥机场建设的前期可行性研究及筹建准备工作。（已经建成）主要交通发展规划内容见图 2-5。

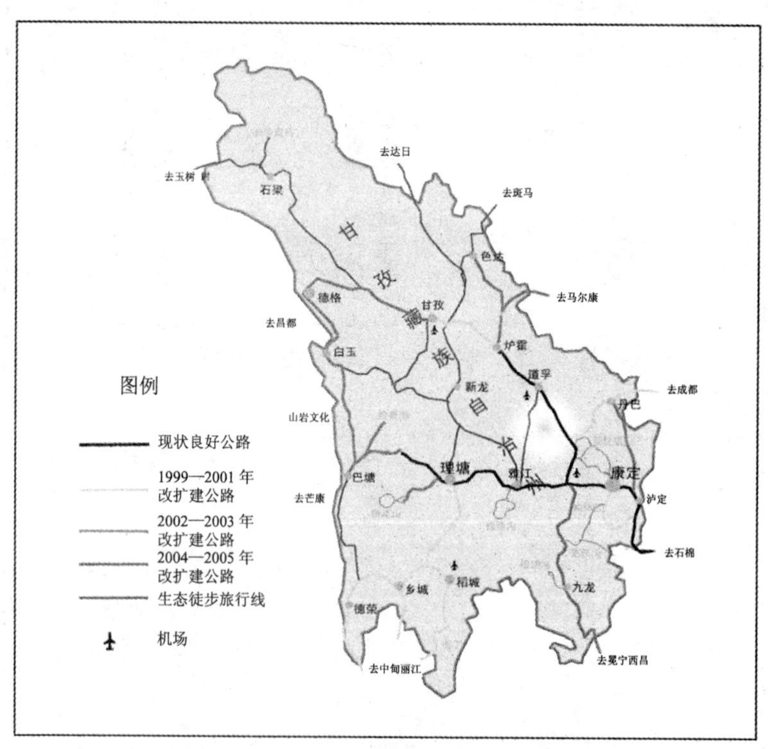

图 2-5 甘孜州旅游交通发展建设规划示意图

2.6.4 供电和给水规划内容

旅游景区的供电线路采用电缆埋设。在未建成统一电网供电之前，可考虑选择在附近有水能资源的地方建设山区小水电站来解决景区供电电源。

服务于自然保护区及景区的接待设施，如离管网水源较近，取水经济，应采用为其旅游服务；若远离管网饮用水源，则可开发利用安全可靠的地表水或地下水源实行供水，但必须确认水源质量达标和可持续的数量，同时不对环境造成不良后果。

2.6.5 相关医疗卫生与废污处理规划内容

2.6.5.1 医疗保健设施规划

（1）依托各县的县医院完善医疗急救体系。

（2）重点旅游景区建立医疗救护站。

2.6.5.2 卫生设施规划

（1）改造城市公共厕所及宾馆厕所，将旱厕改建成冲水式厕所，并做好清洁、消毒等卫生管理工作。在旅游景区内修建隐蔽且与环境协调的厕所，在废污处理不便或容易对环境造成污染的位置则应考虑采用“打包式”厕所，专人负责废污的清运。

（2）治理县城城市卫生。

（3）景区内沿游道设置与环境相协调的垃圾箱或桶，并有专人清运。

2.6.5.3 废污处理规划

（1）景区宾馆和游人中心的排水流向应与自然景区呈相反方向，如排水流经自然景区，必须建设排污管道和污水收集处理池及相应处理设施，通过沉淀、爆气氧化降解。

（2）固体垃圾处理的基本方法是定期从现场清除干净，运输至固体垃圾处理系统处理。

2.6.6 相关环境保护建设规划内容

2.6.6.1 区域生态环境保护建设规划

（1）抓住国家实施的天然林保护工程、长江上游保护林体系建设工程和生态示范县建设工程的机会，做好生态环境保护与建设工作。

（2）以草定畜，发展牧业。科学利用草地资源，分区轮牧。

（3）加强公路两旁边坡滑坡、泥石流病害治理和绿化，建成畅通无阻的“绿色”通道。

（4）严禁破坏生态环境和浪费资源地乱采矿产资源。

（5）加强森林防火和病虫害防治。

（6）拆迁卡沙湖水电站，恢复生态环境，并沿湖植树，绿化四周荒坡。

（7）健全环保机构和加强环境监测、管理工作，针对不同生态环境区制定今后进行旅游开发的具体管理细则。

2.6.6.2 自然生态景区环境保护建设规划

（1）有效保护以植被为主体的景观自然状态。

（2）注重生态环境优化美化建设。

（3）加强景区开发建设的严格管理与监督。

（4）“三废”污染防治。

2.6.6.3 人文景观保护建设规划

（1）提高全民文化素质，增强民族自豪感。

（2）寺庙保护与修葺重建。

（3）对历史文物实行科学有效保护。

（4）加强人文景观区生态环境建设。

2.7 规划实施回顾性评价

因为本次评价的规划为 1999 年制定，规划年限为 2000—2015 年，而评价年为 2008 年，因此要对 2000—2008 年规划的实施情况进行回顾性分析和评价，以找出规划在实施过程中存在的问题，以对规划下一步实施的目标提出优化和调整性的建议。

2.7.1 甘孜州旅游业发展现状及回顾

甘孜州旅游业的发展起步比较晚，由于各种条件的制约和开发资金的严重缺乏，旅游业发展极为缓慢。1998 年以前，甘孜州旅游业属起步阶段，旅游产业的潜在优势尚未发挥，1998 年全州接待游客量仅为 7 万余人次。

随着二郎山隧道的贯通和全州通县油路工程建成通车及 2008 年康定机场的建成通航，全州旅游环线的交通得到较大改善，甘孜州成为备受海内外游客青睐的旅游胜地，“十五”以来，全州游客接待量和旅游收入逐年攀升。据统计，2001 年全州共接待游客 66.75 万人次，实现旅游收入 3.67 亿元；2006 年全州接待国内外游客 294.7 万人次，为 2001 年的 4.43 倍，实现旅游收入 20.89 亿元，为 2001 年的 5.69 倍。

甘孜州近年旅游业经济运行情况发展概况及甘孜州旅游资源开发情况分别见表 2-11 和附录 2。

表 2-11 1999—2006 年甘孜州旅游经济运行情况

年份	国内旅游		入境旅游		旅游总收入/亿元	相当于全州GDP/%
	收入/万元	人数/万人次	外汇收入/万美元	人数/万人次		
1999	15.147	0.688 5	12.38	0.12	0.011 728	—
2000	6 430.4	30.16	21.33	0.12	0.660 637	2.7
2001	36 716	66.747	57.04	0.36	3.118 558	13.49
2002	22 120	31.6	105.9	0.67	2.299 368	7.37
2003	49 197.5	72.5	508.62	1.83	5.339 362	15.16
2004	116 545.176	179.861 1	1 532.19	4.808 1	12.918 574	30.69
2005	143 109.95	225.37	1 709	5.9	15.7	31.13
2006	185 432.43	285.29	2 929.27	9.410 8	20.886 7	34.52

注：美元与人民币换算，2005 年为 1 美元 = 8.10 元人民币，2006 年为 1 美元 = 8.00 元人民币。

2.7.2 甘孜州旅游业现有主要旅游产品

香格里拉生态旅游产品的设计以自然生态、原始纯真的民族文化和高原风光为基础，突出其原生性、民族性和神秘性，现有主要旅游产品如下。

2.7.2.1 茶马古道旅游产品

“茶马古道”沿线的旅游资源丰富，宗教和文化积淀深厚，康巴民族风情浓郁，具有极为广阔的发展前景。“茶马古道”沿线有着独具特色的自然与人文景观，旅游资源非常丰富，极具开发潜力。

2.7.2.2 康巴文化旅游产品

香格里拉生态旅游区浓郁的康巴文化旅游产品以德格印经院、长青春科尔寺、八帮寺、噶多寺、竹庆寺、塔公寺等宗教寺庙为代表，以建筑、歌舞、民歌、手工艺品、服饰、民俗风情等为载体，充分体现了康巴文化的魅力。康巴文化旅游产品还以青藏高原东部特有的雪山、冰川、峡谷、森林、湖泊为背景，与自然生态景观融为一体，和谐共处。

康巴文化旅游产品与各旅游区生态产品紧密结合，各具特色，如康定情歌系列旅游产品、德格印经院系列文化旅游、白玉河波民族手工业旅游产品等。

2.7.2.3 其他旅游产品

自然生态旅游系列产品：海螺沟冰川森林观光游、稻城亚丁生态游、康定—磨西温泉度假休闲游等；康巴文化生态旅游系列产品：“古碉—藏寨—美人谷”风情体验、德格印经院宗教文化游、康定跑马山“四月八”转山节、康巴民居游、理塘长青春科尔寺宗教文化游、康定跑马山浪漫婚庆游、理塘“八一”赛马节等；特种旅游类系列产品：康藏高原自驾车游、民族手工艺品选购、藏药治疗选购、登山探险、江河漂流、科普科考等。

2.7.3 旅游资源开发现状

甘孜州现重点开发的旅游资源包括环贡嘎山旅游线路、康南香格里拉生态旅游区和康北康巴文化旅游区等，其中重点景区的开发情况如下：

海螺沟景区引进冰川公司后，加快了景区基础设施和服务配套设施建设，先后投资建成猫子坪大桥，景区水泥路和森林步游道工程。通过招商引资，引进11家旅游酒店及观光汽车公司、贡嘎神汤温泉度假村和客运观光索道公司（建成国内最长的客运观光索道）；个体工商户189户，从业人员325人，投入资金约420万元，分别从事商业、餐饮服务业和手工业。规划启动了海螺沟青杠坪大桥建设项目、磨西镇民俗风情村、市镇管网敷设工程、磨西大堰改造工程和磨西天主教堂文化园区商业策划方案工作。将启动海螺沟一号营地至索道站15.6km公路及景区标志标牌系统，老观景台—冰川步游道改造工程。景区管理局和四川贡嘎天域旅游开发公司合作开发燕子沟景区，计划3年投入3.5亿元开发资金，已修编完成《贡嘎山风景名胜区燕子沟景区总体规划》，并根据规划开展了旅游开发项目的前期工作。

康定旅游区旅游产品策划工作已基本完成，跑马山、木格措、雅哈等景区的开发建设工作进展有序，其中跑马山景区开发建设一期工程已基本完成，已正式开营接待游客；二期工程即将启动，拟建旅游商品民俗街及游客接待中心等项目。木格措景区已建景区步游道、野人海环海栈道、三叠瀑钢木结构栈道约10km，新建藏式百米水动式转经廊1处，观景台、观海台、休憩亭10处，康定—木格措旅游公路改造工程全面启动；雅哈景区的整体开发已与四川柏楠集团签定合作开发协议，开发前期工作已经开展。

泸定红色旅游区积极开展红色旅游资源的保护和开发，加强景区历史文化遗产的保护、修复和建设，树立了“红色名城、英雄泸定”品牌形象。

丹巴“古碉—藏寨—美人谷”景区以建设嘉绒藏族风情与自然生态旅游目的地为目标，目前已建设完成甲居藏寨景区油路铺设工程和中路景区油路铺设工程；布科藏寨景区公路改造工程正进行铺设路面前期工作。

伍须海景区开通了移动通讯，景区山门和大型停车场已经修建完成，并于2008年投入使用；伍须海旅游公路完成单边约10km的路面铺设，2008年年底全面贯通；新建的伍须海大酒店目前已完成基础工程建设。

开展了亚丁旅游景区、措普湖、格聂神山、香巴拉七湖、太阳谷等景区开发的前期工作，规划了稻城香格里拉乡至属都湖、乡城至香格里拉、巴塘至得荣的公路、稻城香格里拉乡至泸沽湖改造建设工程，形成跨区域旅游环线，力争用 5 年时间将以亚丁为中心的香格里拉生态旅游区建成世界级旅游区。

2.7.4 旅游资源开发过程中存在的问题

2.7.4.1 景区配套基础设施建设滞后

随着“环贡嘎山两小时旅游圈”和川西香格里拉生态旅游区的发展建设，康东旅游区和稻城亚丁景区主干线的旅游基础设施有了较大改善。其中康定及周边景区、贡嘎山海螺沟、燕子沟景区及稻城亚丁景区配套的游人中心，停车场、景区污水处理站等已相继投入建设，可基本满足旅游接待要求。但是其他旅游区依然存在着接待能力差、管理混乱以及区内设施（景区道路、集中供热设施、污水处理站、垃圾转运站等）建设相对滞后等问题，使得游客及管理人员产生的生活污水、垃圾未得到有效的处理，直接排放。

2.7.4.2 旅游道路交通建设滞后

随着甘孜州相关部门近年对州内交通建设的重视，二郎山—康定、康定—海螺沟、康定—泸定公路已改造完成，另外，康定—新都桥—炉霍段，也于 2009 年完成路面改造；但是康定—塔公—丹巴、康定—九龙五须海、康定—雅江—稻城、康定—理塘—巴塘、巴塘—德格—甘孜（即通往九龙伍须海旅游区、稻城亚丁旅游区、理塘格聂山旅游区、巴塘—措木沟旅游区、格西沟—帕姆岭旅游区、德格—新路海旅游区）的道路路面破损较为严重，行车能力差且有较大的安全隐患，使其严重制约了上述景区旅游业的发展。

2.7.4.3 区内及周边矿产的开发

主要表现为景区开发与矿产资源开发之间的矛盾，如巴塘措普沟旅游区与夏塞银矿、亚拉旅游区与农戈山铅锌矿。

2.7.4.4 所依托城镇的影响

甘孜州部分景区紧邻位于城镇周边（如康定县、泸定县、丹巴县、塔公镇），其旅游区建设和发展需依托相邻城镇，但所依托城镇大部分规模较小、配套基础设施能力不足、交通拥堵严重，制约了相应景区的发展。

2.7.4.5 区内及周边建设项目的影响

区域道路、电站的建设中不规范施工开挖、弃渣堆放及河流减脱水等对景区景观、生态造成了较大影响。如丹巴县革什杂河的水电开发所产生的植被破坏已对丹巴旅游区的景观带来了不利影响。

表 2-12 甘孜州规划旅游区现状及问题汇总表

景区	现状及存在的问题
康定旅游区	1．依托的康定县、塔公镇城接待能力不足 2．跑马山景区道路损坏严重 3．塔公草原景点附近河道存在大规模采砂金活动，对景区生态环境造成一定破坏 4．跑马山景点、木格措景点基础设施建设滞后，管理混乱
泸定海螺沟旅游区	目前贡嘎山海螺沟、燕子沟景区配套的游人中心，停车场、景区污水处理站等已相继投入建设，可满足旅游需求
丹巴旅游区	1．目前康定—丹巴、小金—丹巴公路尚未实施改造，路面破损严重 2．丹巴县城接待能力较差，城镇基础设施建设滞后 3．景区内古碉楼未得到有效保护，人为破坏情况严重 4．区域规划水电站较多
亚拉旅游区	1．目前塔公—丹巴—小金公路尚未实施改造，路面破损严重 2．景区尚未开发，景区范围尚未划定，现处于较原始状态，景区配套设施目前尚未建成，目前旅游仅依托于八美镇 3．景区与农戈山铅锌矿相互制约，矿区开发对景区生态环境有一定影响
九龙伍须海旅游区	1．目前康定—九龙公路尚未实施改造，路面破损严重 2．伍须海景区内基础设施建设滞后，无配套的游人中心、停车场、污水及垃圾处理设施 3．伍须海景区管理混乱，在旅游高峰期存在游客乱扔垃圾、下水游泳、捕杀动物等现象
稻城亚丁旅游区	1．目前康定—稻城公路尚未实施改造，路面破损严重 2．稻城亚丁景区配套的游人中心、停车场、景区污水处理站现处于规划实施阶段
理塘格聂山旅游区	1．目前康定—理塘公路尚未实施改造，路面破损严重，进入条件差 2．旅游区规划方案尚未制定，景区宾馆档次低、接待能力差，且无配套的游人中心、停车场、污水及垃圾处理设施等
巴塘措普沟景区	1．目前康定—巴塘公路尚未实施改造，路面破损严重 2．景区尚未开发，景区范围尚未划定，现处于较原始状态，景区配套设施目前尚未建成，目前旅游仅依托于巴塘县 3．景区与夏塞银矿相互制约，矿区开发对景区生态环境有一定影响
格西沟帕姆岭旅游区	1．目前至景区公路尚未实施改造，路面破损严重 2．景区尚未开发，景区范围尚未划定，现处于较原始状态，景区配套设施目前尚未建成，目前旅游仅依托于雅江县
德格新路海旅游区	1．目前至该景区公路尚未实施改造，路面破损严重 2．新路海景区尚无详细规划，现处于较原始状态，景区配套设施目前尚未建成

2.7.4.6　开发中不注重环境保护，原生态保持不够

在前期旅游资源开发过程中，对环境保护不够重视，主要问题体现在：在旅游区景区道路建设过程中，大挖大填，造成边坡裸露，且未及时恢复；部分景区与矿山共有通道，如巴塘措普沟景区与夏塞银矿、雅拉旅游区与农戈山铅锌矿共用道路，矿产运输过程中的碾压对路面的影响较大，扬尘也对空气质量造成了影响；景区周边砍伐建房用木材、薪炭柴，采集药材、野生食用菌对环境造成破坏；在旅游风景区开发水电，在自然景观中掺和了人为造物，影响了生态旅游资源的原始性和协调性；同时水电用水与生态用水之间发生矛盾，造成生态环境影响。

2.7.5　规划目标的可达性分析

2001 年，随着二郎山隧道的全面贯通和成雅高速公路的建成通车，神奇的康巴成为备受海内外游客青睐的旅游胜地。2006 年甘孜州旅游接待总人数达到了 294.7 万人次，旅游收入达到 20.9 亿元，已经超过了原规划中提出的 2015 年的规划目标。这说明原规划中提出的规划目标过低或者在规划的实施过程中，旅游产业发展速度过快。因此，在规划的下一步实施中，应根据近年的甘孜州旅游业的发展情况，以及规划实施过程中存在的问题，对规划发展目标进行调整，或者根据游客容量，对甘孜州的旅游业发展速度进行优化，重点进行产业结构、布局以及质量的改善和提高。

2.8　汶川地震对甘孜州旅游业的影响

2008 年 5 月 12 日，四川省汶川发生里氏 8.0 级特大地震，这一地震灾害对四川省的旅游业造成了重大影响。在这次地震灾害中，甘孜州由于不在汶川地震的地震带上，且距离震中较远，各景区的基础设施及旅游资源基本没有受到破坏。二郎山—喇叭河、海螺沟风景区、燕子沟风景区、贡嘎山风景区、伍须海、莲花湖、木格措、新都桥—塔公草原—丹巴、格聂神山、稻城亚丁、毛垭大草原、措普沟—扎金甲博等都未受到影响。成雅高速及雅安到康定的交通基本未受影响，但丹巴—金川—卧龙的传统川西旅游环线交通则全部中断。

由于整个四川省的旅游业受到了地震灾害的较大冲击，甘孜州旅游业也受到了较大的影响。例如，汶川特大地震灾害以来，甘孜州开发最为成熟的海螺沟景区旅游业受到较大影响，以成渝两地为主的旅游人数急剧下降。2008 年 5 月 12 日至 6 月 13 日，景区旅游接待人数仅 16 人，同比减少 99.75%。景区餐饮服务、观光运输等与旅游相关的服务业损失惨重，旅游综合收入减少 501 万元。

针对上述困难，2008 年 6 月 13 日，四川省人民政府、旅游局相继发布了全

面启动恢复乐山、凉山、甘孜等 13 个市、州旅游市场的计划及恢复包括海螺沟景区在内的部分旅游市场的公告。海螺沟景区管理局立即制定和启动了旅游市场恢复计划，6 月 20 日，在成都、重庆召开了海螺沟灾后旅游重建推介新闻发布会，极力恢复成渝两地的旅游市场信心。6 月 21 日，海螺沟景区迎来了灾后第一个旅游团队；7 月 5 日，景区游客突破百人；7 月 12 日，景区接待游客近 700 人。灾后第一个月接待人数为 16 人，7 月 15 日，市场恢复后的第一个月为 3 208 人，海螺沟景区旅游市场在灾后呈现恢复增长趋势。

随着四川省灾后重建工作的逐步展开，旅游业也从这次灾害的影响中，逐渐恢复。从短期看，本次地震灾害对甘孜州旅游业的发展造成了较大的影响。但是随着灾后重建工作的逐步开展，一些相应的旅游业恢复措施的落实，交通基础设施得到恢复和改善。从长期看，这次地震灾害对甘孜州旅游业的发展不会造成较大的和长远的影响。因此，甘孜州应结合四川省旅游业灾后恢复重建工作，针对规划实施中出现的问题，及时采取有效措施，促进旅游业的可持续发展。

2.9 甘孜州旅游业发展趋势

在省委、省政府的关心下，全州各级领导班子转变观念、提高认识、把发展旅游业放在富民兴州的战略高度，全面加快了旅游资源的开发和旅游基础设施建设，全州旅游环线的交通得到较大改善，重点旅游景区的交通改造和延伸工作稳步推进。同时，加快了通信设施建设步伐，全州 18 个县实现了光缆通信传输，海螺沟、亚丁、木格措等重点景区开通了移动电话。旅游城镇建设步伐加快，康定、泸定、丹巴、稻城、磨西镇等旅游城镇的环境得到有效整治，优化了旅游城市生态环境，增强了服务功能，提升了旅游形象。

另外，贡嘎山风景区已列入申报世界遗产后备名单，康定、泸定两地打捆列入四川申报大熊猫栖息地世界遗产也已顺利通过 IUCN 考察；同时，随着海螺沟、燕子沟、跑马山景区详细规划的完成，其他景区规划也正在实施中。

3 规划相容性分析

3.1 外部协调性分析

外部协调性是指甘孜州旅游发展总体规划同国家级、省级、州级相关规划之间，在发展指导思想、发展目标、区域布局、生态建设和环境保护之间协调相容。

3.1.1 发展指导思想协调性分析

《中国旅游业发展“十五”计划和2015年、2020年远景目标纲要》中提出我国今后旅游业发展应“以国内旅游为基础，以入境旅游为重点，以出境旅游为重要补充，促进国内、国际旅游市场协调发展，实现中国旅游市场的发展模式从外延型增长向内涵型成长转型，构建旅游强国的市场基础。加强产业与市场的互动，促进旅游企业竞争力的培育，构建旅游强国的产业基础”。可见，我国今后旅游业的发展应在提升内在竞争力的基础上，大力发展国际、国内旅游市场，构建旅游强国。

四川省由于具有丰富的旅游资源，是我国旅游业发展的重要省份，《四川省旅游发展总体规划》中提出了四川省旅游发展的指导方针：“利用自然资源方面拥有的相对优势，将四川省定位成中国生态旅游和自然旅游的目的地。”《四川省“十一五”国民经济与社会发展规划纲要》中也明确提出：“充分发挥我省旅游资源优势，坚持实施‘旅游精品’战略，把我省建成全国重要的自然生态和历史文化旅游目的地，实现由旅游资源大省向旅游经济强省的跨越。”因此，在《四川省人民政府关于加快四川旅游产业发展的实施意见》中指出了四川省旅游发展的指导思想：“实现旅游形态由单一观光旅游向观光与休闲、度假、会议、会展等特色旅游转变，旅游市场由国内游为主向国内游与入境游并重转变，建成全国旅游经济强省。”

由于甘孜州具有独特的自然旅游资源和人文旅游资源，是四川省旅游业发展的重要地区之一，《四川省甘孜州旅游发展总体规划》中提出“要将甘孜州建成中国旅游市场的自然与生态旅游目的地和世界级的观光、探险旅游和度假旅游目的地”，并“在充分考虑本州资源特色、市场潜力、区位条件和经济基础等实际情况”的基础上，“立足国内，大力拓展国际市场”。

可见，甘孜州旅游发展的指导思想与国家和四川省旅游发展的指导思想完全协调，即根据自身的资源优势，提升内在竞争力，大力发展国内、国际市场。

3.1.2 发展目标协调性分析

由于《四川省甘孜州旅游发展总体规划》编制时间较早，规划提出的 2015 年接待人数和经济收入的发展目标已经提前实现。为了甘孜州旅游业更好地发展，需要对原规划发展目标进行调整，调整后的发展目标应与四川省和甘孜州相关规划相协调。

分析《四川省国民经济和社会发展第十一个五年规划纲要》《四川省旅游发展总体规划》《甘孜藏族自治州国民经济和社会发展第十一个五年规划纲要》提出的旅游发展目标（详见表 2-13），甘孜州旅游发展定位准确，接待游客数量和旅游收入应结合省级、州级最新相关规划进行调整。

表 2-13 甘孜州旅游发展目标协调性分析

规划名称	级别	发展目标	分析结论
四川省甘孜州旅游发展总体规划	州级	1．将甘孜建成国内国际的“生态旅游和自然资源以及康巴文化旅游目的地” 2．将旅游业培育成甘孜州第三产业的龙头产业，并成为全州第一大支柱产业 3．到 2015 年接待游人 164 万～180 万人次，旅游总产值 20.89 亿～37.73 亿元	
四川省国民经济和社会发展第十一个五年规划纲要	省级	1．把四川省建成全国重要的自然生态和历史文化旅游目的地，实现由旅游资源大省向旅游经济强省的跨越 2．到 2010 年，全省旅游总收入达到 1 400 亿元，接待入境游客突破 200 万人次，旅游外汇收入超过 10 亿美元	发展定位协调，均为发展生态旅游和文化旅游 根据 2005 年统计数据，甘孜州旅游收入和游客数约占全省的 2%，根据此比例调整甘孜州旅游发展目标
四川省旅游发展总体规划	省级	1．到 2010 年，增加旅游业对四川省社会和经济发展的贡献 2．到 2010 年，旅游业在全省国内总产值的比例 8%，使旅游业成为省的支柱产业之一	发展定位协调 根据 2005 年统计数据，省旅游收入占生产总值的 9.7%，8%的目标已经达到
甘孜藏族自治州国民经济和社会发展第十一个五年规划纲要	州级	1．五年建成全国特色精品旅游区，成为四川旅游新亮点 2．国内外游客总数达到 500 万人次，在 2005 年基础上翻一番，2020 年国内外游客总数达 800 万人次 3．旅游收入 2010 年达到 40 亿元	发展定位基本协调 旅游接待人数可按照“十一五”规划适当调整 旅游收入结合“十一五”规划和发展趋势进行适当调整

3.1.3 区域布局协调性分析

甘孜州旅游发展总体布局为“一、一、二、二、三、四、九”，即一个中心、一条主环线、两大交通枢纽、两条主干线、三个旅游片区、四个主要旅游目的地、九个主要自然生态风景名胜区（见图 2-6）。

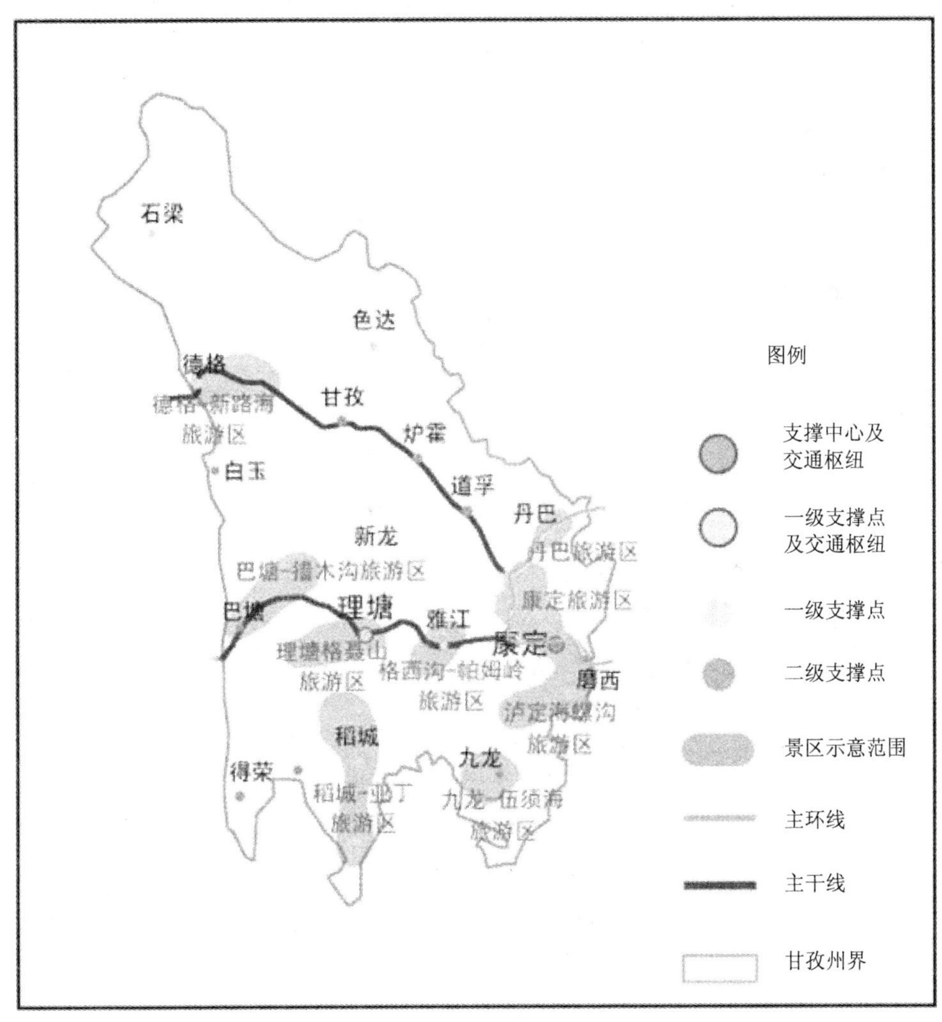

图 2-6 甘孜州旅游发展总体布局示意图

根据《四川省国民经济和社会发展第十一个五年规划纲要》中提出的：“完善五大国际精品旅游区，加快西环线、川西大香格里拉生态旅游区、攀西和川南旅游区建设，大力开展红色旅游和乡村旅游，启动川东北旅游精品项目”，和

《四川省旅游发展总体规划》、《四川省生态旅游发展报告》中对四川省旅游发展的总体布局的设计，可绘制出四川省旅游发展总体规划布局图和四川省生态旅游规划布局图（图 2-7）。将甘孜州旅游发展布局与四川省旅游发展、生态旅游发展布局图相叠加（图 2-8），发现甘孜州旅游发展的一个中心和一条主环线与四川省的旅游发展布局完全一致，二大枢纽和二条主干线均与现有道路和规划旅游干线相一致，三个旅游片区、四个主要旅游目的地和九个主要自然生态风景名胜旅游区均是在四川省规划的旅游区的基础上，结合甘孜州自身的旅游资源和文化资源开发出来的，与省级规划提出的大力开展红色旅游和乡村旅游协调一致。

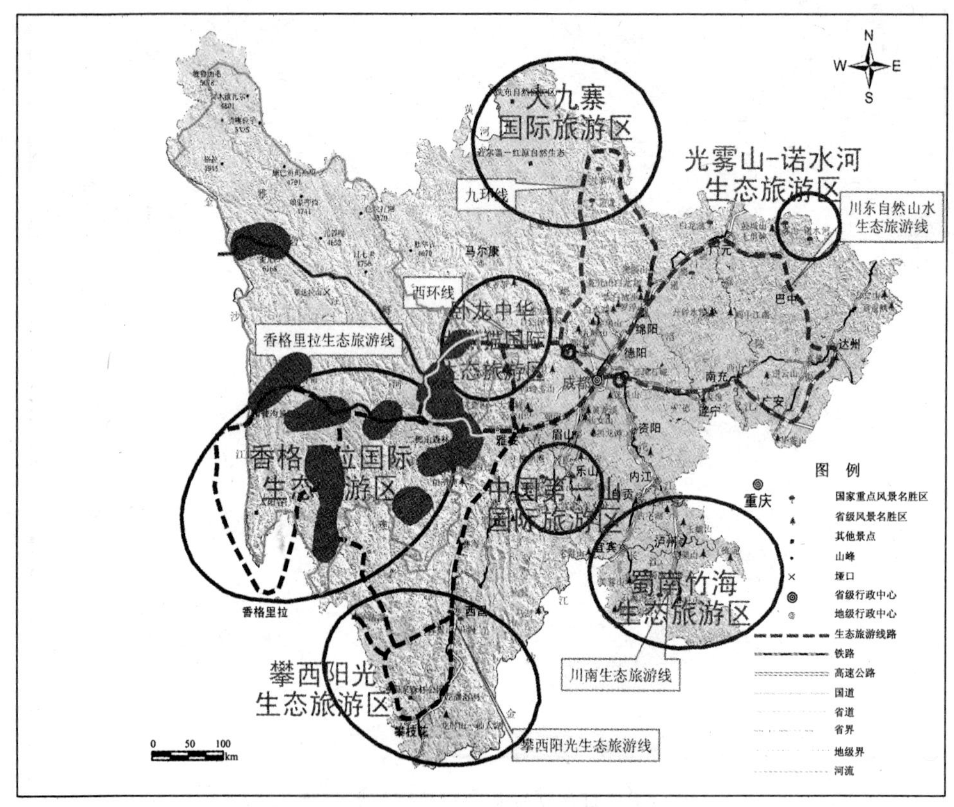

图 2-7 四川省生态旅游规划示意图

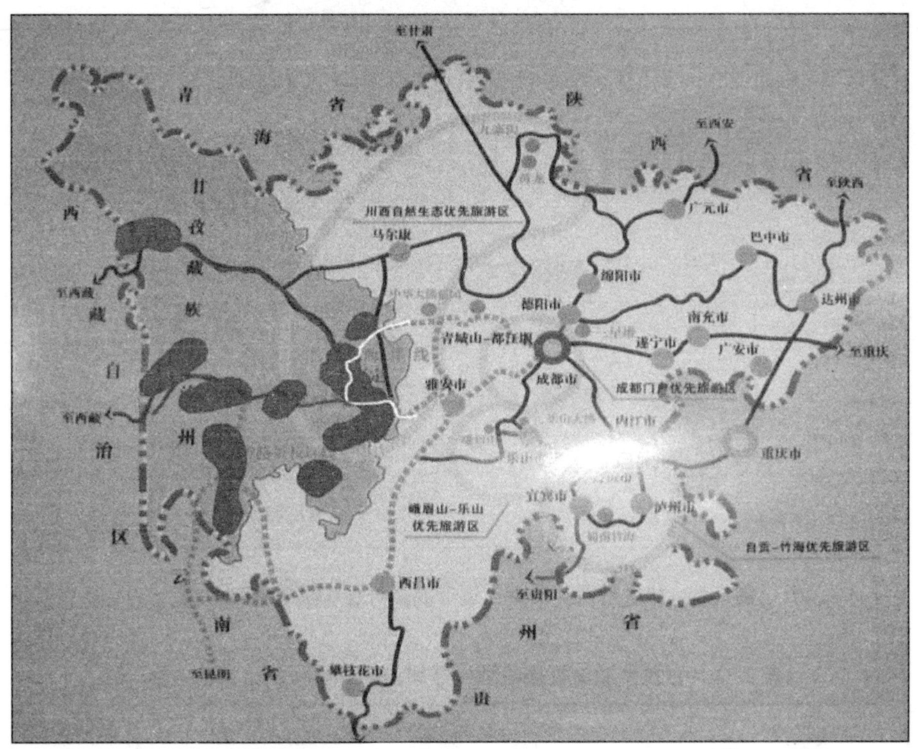

图 2-8　甘孜州旅游发展规划布局与四川省旅游发展规划布局叠加图

同时甘孜州于 2005 年编制了《甘孜藏族自治州生态旅游产业发展规划》，提出了生态产业发展的总体布局。将甘孜州旅游发展规划布局图与生态旅游产业规划布局图相对照，发现除了两个枢纽相互之间不协调之外，其余三大旅游片区与重点开发区布局基本协调一致（图 2-9）。

3.1.4　生态建设和环境保护协调性分析

由于甘孜州独特的自然生态环境，旅游开发大多为天然景观开发，小部分为康巴文化和藏传佛教文化旅游开发。虽然旅游开发会对经济发展和文化交流产生非常巨大的影响，但同时也会对生态环境和佛教文化造成一定的破坏。因此，甘孜州提出了发展生态旅游的战略思想，并在旅游发展总体规划中融入了生态保护和文化保护的思想，提出了生态环境保护规划和人文建设规划。

甘孜州提出的生态建设和环境保护规划必须符合国家、省级相关政策、规划的要求，因此，需将国家和省级出台或编制的相关政策、规划中对于发展旅游业需遵守的生态环境保护原则整理出来，与甘孜州旅游发展规划提出的生态环境保护规划进行协调性分析（表 2-14）。

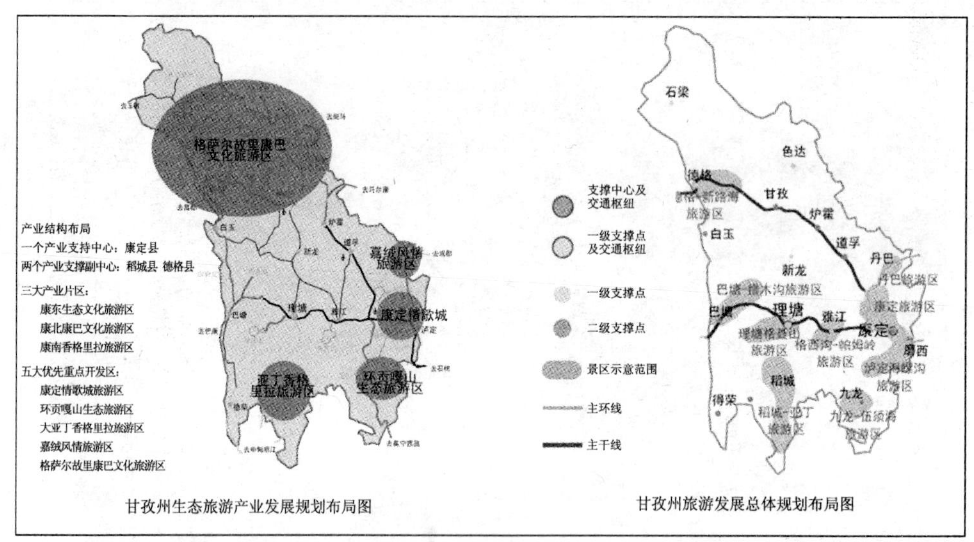

甘孜州生态旅游产业发展规划布局图　　甘孜州旅游发展总体规划布局图

图 2-9 甘孜州旅游发展与生态旅游产业发展布局对比图

表 2-14 甘孜州旅游发展规划生态建设和环境保护协调性分析

规划级别	规划名称	生态环境保护	分析结论
州级	甘孜州旅游发展总体规划	1. 有效保护以植被为主体的景观自然状态 2. 注重生态环境优化、美化建设 3. 加强景区开发建设的严格管理与监督 4. “三废”污染防治 5. 对历史文物实行科学有效保护 6. 寺庙保护与修葺重建	基本协调
国家级	全国生态环境保护纲要	1. 必须明确环境保护的目标与要求，确保旅游设施建设与景观相协调 2. 旅游基础设施建设与生态环境的承载能力相适应 3. 加强自然景观、景点的保护，限制对重要自然遗迹的旅游开发，从严控制重点风景名胜区的旅游开发 4. 旅游区的污水、烟尘和生活垃圾处理，必须事先进行达标排放和科学处置	相协调。贡嘎山正在申报世界遗产，对景区的开发建设需要加强保护
	全国生态示范区建设规划纲要（1996—2050 年）	1. 合理开发旅游资源，有效防止生态破坏和旅游污染 2. 保护生物多样性、发展生态旅游	相协调
	中国自然保护区发展规划纲要（1996—2010 年）	1. 对自然保护区在实验区及其他外围区域的，在保护的前提下进行的资源合理适度开发和经营 2. 以减缓和控制生态环境恶化、保护自然资源和生物多样性、最终实现自然资源的可持续利用和自然生态系统的良性循环	基本协调。规划景区涉及部分自然保护区的实验区，不涉及核心区和缓冲区

规划级别	规划名称	生态环境保护	分析结论
国家级	关于加强自然保护区管理有关问题的通知（环办[2004]101 号）	1. 不得在自然保护区的核心区和缓冲区内开展旅游和生产经营活动 2. 涉及自然保护区的建设项目，在进行环境影响评价时，应编写专门章节，就项目对保护区结构功能、保护对象及价值的影响作出预测，提出保护方案	基本协调。规划景区涉及部分自然保护区的实验区，不涉及核心区和缓冲区。已有的涉及自然保护区的景区建设项目环评报告中均有专章分析项目建设对保护区的影响
省级	四川省“十一五”环境保护规划	1. 强化自然保护区和生态功能区管护能力建设，加强旅游资源开发的环境监管，保护生物多样性，促进人与自然和谐 2. 禁止自然保护区核心区和具有特殊保护价值的地区开发	基本协调
	四川省“十一五”国民经济与社会发展规划纲要	按照“保护生态、点状发展”的思路，根据自然资源比较丰富但环境承载力相对较弱的特点，加大水能、旅游和矿产等优势资源合理开发的力度	相协调
	四川省生态省建设规划纲要	1. 不宜在川西高山高原地区和川西北江河源区的生态脆弱区域新建公路 2. 以保护为主，维持丘状高原原始自然景观，保护沼泽湿地及生物多样性，为长江、黄河源头的水源涵养提供基础保障	基本协调。规划中旅游线路的交通道路建设均为原有公路的改扩建，因此没有新建道路，但改扩建公路仍在生态脆弱地区，需加强保护
	四川省生态旅游发展报告	1. 生态旅游开发利用必须以保护原生性为前提，保持生态旅游资源的原始性和真实性，避免开发造成对资源原生性的破坏，维护自然的生态系统 2. 生态旅游建设要经过科学论证，在不导致生态系统恶化的前提下，确定开发规模、速度和内容	基本协调。对于生态安全和景区容量没有详细的科学论证
州级	甘孜州国民经济和社会发展第十一个五年规划纲要	1. 大力推进生态环境保护与建设 2. 继续实施“天保”和“退耕还林”工程，推进草地保护与建设，加强水土流失治理，加强生态保护区建设，加强州内湿地保护，加强野生动植物保护 3. 提高“三废”处理能力，加强水资源保护，加强农村环境治理 4. 建设生态环境管理监测体系	基本协调。没有提出生态环境管理监测体系建设内容
	甘孜州生态旅游产业发展规划（2005—2020 年）	1. 建立生态环境保护管理与监测机构 2. 加强旅游资源和环境保护意识和知识的宣传教育 3. 加强法制建设，强化全州的旅游资源和环境管理 4. 采取征收旅游税和景区资源税、建立旅游发展基金等经济措施保护旅游资源和环境 5. 采用科学技术手段保护和治理自然生态环境，运用现代技术和工艺进行文物古迹的保护和维修工作	相协调。甘孜州旅游开发十分重视生态环境的保护，指导思想完全一致，具体措施的详细程度略有差别

3.2 内部协调性分析

内部协调性是指甘孜州旅游发展总体规划中规划的各景区的主体功能和发展定位、基础设施支撑能力、景区生态系统保育之间的协调性，以及各景区开发活动建设时序的协调性。

根据规划，甘孜州旅游发展主要集中于三个旅游片区、九个主要的自然生态风景名胜区，通过分析各景区的发展定位、支撑能力、生态保护和开发时序方面的协调性（见表 2-15），发现各景区在发展定位、支撑能力、开发时序几方面协调较好，但在生态系统保护方面，规划没有根据各景区的敏感点采取不同的保护措施，没有根据各景区的游客接待容量来制定规划目标，存在不协调内容。

3.3 规划分析结论

甘孜州旅游发展总体规划，总体上与国家级、省级、州级相关规划之间在发展指导思想、发展目标、区域布局、生态建设和环境保护的有关内容上是协调一致的。但是在规划的具体实施过程中，由于经济发展速度快过预期，2006 年就超过了规划中制定的 2015 年的旅游产业的经济发展目标。同时由于对生态环境保护工作的忽视，在规划的实施过程中，出现了一些景区的开发范围涉及自然保护区、森林公园等国家法律禁止进行开发的区域，也忽视了景区开发建设过程中对景区周边区域生态系统和环境的保护。因此，在规划的下一步实施中，应根据现有的问题，对规划的范围、空间布局以及发展速度和规模，在进行生态环境承载力分析与影响预测的基础上，进行优化和调整，并提出有针对性的保护措施。其中，重点包括：

（1）对规划涉及的生态敏感区的范围进行具体界定，划定可以进行旅游开发的范围。原规划中规划的开发活动如涉及上述区域，应进行调整。

（2）规划目标和开发规模的合理性分析，对现有问题出现的原因进行分析，据此对规划目标和开发规模的合理性进行分析，并对旅游区的环境容量和资源环境承载力进行分析。在此基础上，对规划目标和开发规模提出建议。

（3）保护措施的研究和论证。

表 2-15 甘孜州旅游发展总体规划内部协调性分析

分析单元	分析思路	规划内容			分析结论
各景区主体功能和发展地位	充分考虑各景区地理条件、资源禀赋、人文历史等因素进行定位和布局	康东旅游片区	贡嘎山—海螺沟冰川公园、康定—跑马山—木格措—塔公自然生态区、九龙—伍须海自然生态区、亚拉自然生态区	以贡嘎山国家级风景名胜区及亚拉雪山为主体，集中体现康巴文化内涵	协调。各片区均能立足于区域旅游资源的特性,确定自身发展的方向
		康南旅游片区	稻城—亚丁自然生态区、理塘—格聂山自然生态区、巴塘—措木沟自然生态区、格西沟—帕姆岭自然生态区	以开展生态旅游和民俗风情旅游为主题	
		康北旅游片区	德格—新路海自然生态区	以藏民族文化与藏传佛教文化观光与科普、考察与探险为主题	
区域基础设施支撑能力	从交通通达性、旅客容量、供水供电、环保环卫等方面开展规划，统筹考虑	康东旅游片区	贡嘎山—海螺沟冰川公园、康定—跑马山—木格措—塔公自然生态区、九龙—伍须海自然生态区、亚拉自然生态区	开发较早，距离成都、康定近，交通便利，旅游接待能力较强，但设施较陈旧，破坏较严重	协调。规划能够根据交通通达性和其他支撑条件来开发景区,如交通便利的康东片区多开发几个景区,交通不便的康北片区只开发一个景区
		康南旅游片区	稻城—亚丁自然生态区、理塘—格聂山自然生态区、巴塘—措木沟自然生态区、格西沟—帕姆岭自然生态区	地形复杂,交通不便,距离大城市较远,旅游接待设施不足,生态较脆弱，但中甸机场和稻城机场建成后会有很大改变	
		康北旅游片区	德格—新路海自然生态区	海拔高,交通不便,基本未对外开放，接待能力有限	
区域生态系统保育	针对不同景区不同敏感目标实行分级分类保护，控制旅游环境容量	康东旅游片区	贡嘎山—海螺沟冰川公园、康定—跑马山—木格措—塔公自然生态区、九龙—伍须海自然生态区、亚拉自然生态区	区域有海螺沟国家级重点风景名胜区,有革命旧址,有莫斯卡自然保护区 对主要景点游客数量进行了规划，目标值为 2015 年 100 万～107 万人	规划只是对各景区提出了游客增长规划,但并没有针对不同景区不同的敏感目标实行分类保护,也没有根据各景区的接待容量来确定接待游客数量
		康南旅游片区	稻城—亚丁自然生态区、理塘—格聂山自然生态区、巴塘—措木沟自然生态区、格西沟—帕姆岭自然生态区	区域有亚丁、海子山自然保护区，有大范围的古冰川 对主要景点游客数量进行了规划，目标值为 2015 年 42 万～45 万人	
		康北旅游片区	德格—新路海自然生态区	区域是康巴文化的中心之一，有印经院和佛教寺庙 2015 年的游客数量目标值为 22.5 万～28.11 万人	
开发活动建设时序	依据规划的总体分期、结合项目开发难度与资金到位情况综合考虑	康东旅游片区	贡嘎山—海螺沟冰川公园、康定—跑马山—木格措—塔公自然生态区、九龙—伍须海自然生态区、亚拉自然生态区	近期开发康定—跑马山—木格措—塔公自然生态区、海螺沟景区，亚拉景区，中期开发伍须海景区	基本协调。根据各景区特点和总体定位,制定了开发时序,基本考虑了景区投资和产业效益
		康南旅游片区	稻城—亚丁自然生态区、理塘—格聂山自然生态区、巴塘—措木沟自然生态区、格西沟—帕姆岭自然生态区	近期开发稻城—亚丁自然生态区，中期开发格聂山景区、措木沟景区、帕姆岭景区	
		康北旅游片区	德格—新路海自然生态区	近期开发	

4　环境现状调查与评价

4.1　环境概况

4.1.1　自然环境概况

甘孜藏族自治州位于四川省西部的青藏高原东南缘，属青藏高原向云贵高原和四川盆地过渡的地带；在地貌区划上属横断山系北段的川西高山高原区，是青藏高原的一部分；地理坐标介于东经97°22′～102°29′和北纬27°58′～34°20′之间，南北长约663 km，东西宽约490 km，是我国林区和牧区的重要组成部分。

甘孜藏族自治州气候为大陆季风性高原型气候，气候复杂多样，地域差异显著，可分为高山、山原和高山河谷三大气候类型。

甘孜藏族自治州河流众多，水网密布，源远流长，河流水系多呈树枝状或羽状分布。全州除石渠县北部与青海省交界的查曲河流域约有2 935 km^2属黄河水系外，其余绝大部分地区属长江水系，流经本州的金沙江、雅砻江、大渡河自西向东，南北相平行排列，为长江上游主要干支流，并构成全州水网的基本格局；除上述两江一河以外，尚有流域面积大于500 km^2的一、二级支流87条，100～500 km^2的小支流205条及众多的细小溪流，均以降水补给为主，辅以冰川与永久积雪融冰和湖泊、沼泽、地下水补充。

甘孜州地下水资源为218亿 m^3，占该区域地表水资源的34.0%。其中金沙江流域为69.0亿 m^3，占该区域地表水资源的40.2%；雅砻江流域为102.3亿 m^3，占该区域地表水资源的32.4%。

据甘孜州土壤普查资料显示，全州分布有16个土类，29个亚类。其中耕作土壤又分为36个土属，86个土种，具有全省大部分土壤类型。

甘孜藏族自治州受自然因素、人为因素影响而造成的水土流失十分严重，水力侵蚀、重力侵蚀的发生十分频繁，是其最为严重的环境问题之一。2004年，全州水土流失面积达到5.45万 km^2，占全州辖区面积的35.7%，占整个长江流域水土流失面积的 10%，占长江上游水土流失面积的 15.5%。

4.1.2 甘孜州生物多样性概况

4.1.2.1 植物

根据甘孜州流域分布的特点，可分为金沙江、大渡河、雅砻江流域 3 个片区。金沙江片区共有维管束植物 99 科、321 属、560 种，其中有种子植物 81 科、298 属、530 种；大渡河片区共有维管束植物 130 科、466 属、约 722 种，其中有种子植物 113 科、439 属、665 种；雅砻江片区共有维管束植物 133 科、515 属、约 857 种，其中有种子植物 112 科、473 属、780 种。区域内国家重点保护植物名录见表 2-16。

表 2-16 甘孜州国家重点保护植物名录

中文名	学名	保护级别	海拔范围/m
独叶草	*Kingdonia uniflora*	I	3 200～3 800
玉龙蕨	*Sorolepidium glacile*	I	
高寒水韭	*Isoetes hypsophila* Hand.-Mazz.	I	3 200～4 300
红豆杉	*Taxus chinensis*	I	
毛红椿	*Toona ciliata* var. *pubescens*	I	
扇蕨	*Neocheiropteris palmatopedata*	II	
油麦吊杉	*Picea brachytyla* var. *complanata*	II	2 500～3 600
连香树	*Cercidiphyllum japonicum*	II	
四川红杉	*Larix mastersiana*	II	
西康玉兰	*Magnolia wilsonii*	II	
油樟	*Cinnamomum longepaniculatum*	II	
水青树	*Tetracentron sinense*	II	
圆叶玉兰	*Magnolia sinensis*	II	
桃儿七	*Sinopodophyllum emodi*	II	
乡城南星	*Arisaema xiangchengense*	II	
金铁锁	*Psammosilene tunicoides*	II	1 900～3 900
辐花	*Lomatogoniopsis alpina*	II	＞4 000
山莨菪	*Anisodus tanguticus*	II	2 700～4 600
无芒披碱草	*Elymus submuticus*	II	3 500～3 700
冬虫夏草	*Cordyceps sinensis*	II	＞3 800
松口蘑（松茸）	*Tricholoma matsutak*	II	2 500～3 600
岷江柏	*Cupressus chengiana*	II	

4.1.2.2 陆生动物

金沙江片区有脊椎动物137种，其中两栖类7种，爬行类5种，鸟类100种，兽类25种，国家级保护动物22种，其中I级保护动物兽类和鸟类各1种，II级保护动物20种，包括鸟类9种，兽类11种；大渡河片区有脊椎动物137种，其中两栖类7种，爬行类5种，鸟类100种，兽类25种，国家级保护动物22种，其中I级保护动物兽类和鸟类各1种，II级保护动物20种，包括鸟类9种，兽类11种；雅砻江片区有陆生脊椎动物153种，其中两栖类8种，爬行类11种，鸟类100种，兽类34种。国家重点保护动物见表2-17和表2-18。

表2-17 甘孜州兽类国家级保护物种分布情况

中文名	学名	保护级别	分布区间及生态简述
大熊猫	*Ailuropoda melanoleuca*	I	
川金丝猴	*Rhinopithecus roxellana*	I	
滇金丝猴	*Rhinopithecus bieti*	I	
豹	*Panthera pardus*	I	<3800 m，林栖。森林、灌丛，巢穴较固定于草丛、岩洞、树丛
雪豹	*Panthera uncia*	I	
云豹	*Neofelis nebulosa*	I	
林麝	*Moschus berezovsk II*	I	1500～3900 m 林区、灌丛草甸
马麝	*Moschus sifanicus*	I	
马鹿	*Cervuselaphus macneilli*	I	
白唇鹿	*Cervus albirostris*	I	
羚牛	*Budorcas taxicolor*	I	
猕猴	*Macaca mulatta*	II	2500 m，山地森林，中低山阔叶林、混交林、稀树裸岩、农耕地
藏酋猴	*Macaca thibetana*	II	1500～3600 m 河谷、林区
短尾猴	*Macaca arctoides*	II	
黑熊	*Selenarctos thibetanus*	II	<4000 m，半常绿雨林到山地寒温带暗针叶林
马熊	*Ursus arctos*	II	2000～4500 m 林区、灌丛草甸
水獭	*Lutra lutra*	II	半水栖。鱼类较多的缓流河段、水库
小爪水獭	*Aonyx cinerco*	II	亚热带河谷两岸

中文名	学名	保护级别	分布区间及生态简述
金猫	*Felis temmincki*	II	2300～3500m，常绿和落叶混交林、针阔混交林、针叶林、林缘灌木、幼林、草丛，极善攀缘和上树
豺	*Cuon alpinus*	II	1400～3200m 林区、灌丛草甸
青鼬	*Martes flavigula*	II	1400～3000m 农耕区、林区
小熊猫	*Ailurus fulgens*	II	1500～3600m 农耕区、针阔混交林
兔狲	*Felis manul*	II	
猞猁	*Felis lynx*	II	
丛林猫	*Felis chaus*	II	
小灵猫	*Verricula indica*	II	
伶鼬	*Mustela nivalis*	II	
石貂	*Martes foina*	II	
斑林狸	*Prionodon pardicolor*	II	
狼	*Canis lupus*	II	
野猪	*Sus scrofa*	II	
水鹿	*Cervus unicolor*	II	<3800m，阔叶林或针叶林、针阔混交林
白臀鹿	*Cervus elaphus*	II	3500～5000m，高山灌丛草甸、冷杉林边缘，群居
毛冠鹿	*Elaphodus cephalophus*	II	
藏原羚	*Procapra picticaudata*	II	
鬣羚	*Capricornis sumatraensis*	II	<4400m，裸岩、针叶林、混交林、多岩石的杂灌丛，坡度较大。典型的林栖兽类
斑羚	*Naemorhedus goral*	II	<3600m，高中山山林，有树有草险峻的山岭，或峭壁裸岩。典型的林栖种类
岩羊	*Pseudois nayaur*	II	>2400m，高原、丘原、高山裸岩与山谷间的草地
盘羊	*Ovis ammon*	II	>3000m，高原、丘原、山麓，是山地草原的代表动物。半开阔的高山裸岩带，夏季在雪线以下

表 2-18 甘孜州保护鸟类分布情况

中文名	学名	海拔分布/m	保护级别
绿尾虹雉	*Lophophorus lhuysii*	3 000～4 000	I
白尾梢虹雉	*Lophophorus sclateri*		I
雉鹑	*Tetraophasis szechenyii*	3 200～4 200	I
黑颈鹤	*Grus nigricollis*		I
玉带海雕	*Haliaetus leucogaster*		I
胡兀鹫	*Gypsaetus barbatus*		I
金雕	*Aquila chrysaetos*	2 600～4 000	I
鸢	*Milvus migrans*	2 400～4 200	II
雀鹰	*Accipiter nisus*	2 000～3 200	II
大鵟	*Buteo hemilasius*	3 000～4 300	II
普通鵟	*Buteo buteo*	2 400～4 000	II
红隼	*Falco tinnunculus*	2 000～3 700	II
草原雕	*Aqulia rapax*		II
秃鹫	*Aegypius monachus*		II
兀鹫	*Gyps himalayensis*		II
猎隼	*Falco cherrug*		II
游隼	*Falco cherrug*		II
灰背隼	*Falco columbarius*		II
藏雪鸡	*Tetraogallus tibetanus*		II
藏马鸡	*Crossoptilon crossoptilon*		II
血雉	*Ithaginis cruentus*	3 000～4 200	II
红腹角雉	*Tragopan temminckii*	2 000～3 700	II
白马鸡	*Crossoptilon crossoptilon*	2 800～4 500	II
大绯胸鹦鹉	*Psittacula derbiana*	2 200～3 700	II
黑冠鹃隼	*Aviceda leuphotes*	1 400～2 000	II
凤头蜂鹰	*Pernis ptilorhynchus*	1 400～1 800	II
赤腹鹰	*Accipiter soloensis*	1 400～2 000	II
凤头鹰	*Accipiter trivirgatus*	1 400～2 000	II
白尾鹞	*Circus cyaneus*	1 400～3 200	II
鹊鹞	*Circus melanoleucos*	1 400～2 000	II
白腹鹞	*Circus spilonotus*	1 400～2 000	II
松雀鹰	*Accipiter virgatus*	＜1 800	II
灰头鹦鹉	*Psittacula himalayana*	1 800～3 000	II
雕鸮	*Bubo bubo*	2 800～3 200	II
苍鹰	*Accipiter gentilis*	2 500～3 200	II
白腹锦鸡	*Chrysolophus amherstiae*	1 500～3 000	II
红腹锦鸡	*Chrysolophus pictus*		II
白马鸡	*Crossoptilon crossoptilon*	2 700～4 500	II
长耳鸮	*Asio otus*	1 500～2 600	II
短耳鸮	*Asio flammeus*	1 500～3 000	II

4.1.2.3 鱼类

根据历史资料，甘孜藏族自治州鱼类有30种，分属于3目（鲑形目、鲤形目、鲶形目）、5科（鲑科、鲤科、鳅科、钝头鮠科、鮡科）、13属（哲罗鱼属、副鳅属、南鳅属、山鳅属、高原鳅属、泥鳅属、裂腹鱼属、重唇鱼属、裸重唇鱼属、裸裂尻鱼属、鱼央属、石爬鮡属、鮡属），占四川省鱼类总种数的13.6%。其中鲤形目鱼类占绝对优势，有24种，占总种数的80%。州内鱼类区系成分主要为中亚高原山区复合体，包括条鳅亚科、裂腹鱼科等，占76.7%；中印（西南）山地复合体，占16.7%；虎嘉鱼为北方山区复合体，占3.3%。

4.1.3 社会经济概况

甘孜藏族自治州下辖18个县、326个乡、镇，其中石渠、色达、德格、白玉、理塘为纯牧业县，其余为半农半牧县。2006年末，全州总人口930 509人，其中农业人口782 178人，非农业人口148 331人。总人口中，藏族732 047人，占78.7%；汉族165 651人，占17.8%；彝族26 151人，占2.8%；其他民族6 660人，占0.7%。各民族分布大致情况为：藏族主要集聚于康定折多山以西各县；羌族分布在丹巴县；回族散居在全州各地，以康定最多；彝族主要分布在九龙及泸定的磨西区；纳西族分布在巴塘县的南部；汉族分布在泸定县以及康定、丹巴、九龙等县部分地区；其他各民族散居各地。

2006年，全州完成GDP 60.02亿元，比上年增长14%，增长速度比上年加快0.2个百分点。其中，第一产业增加值11.52亿元，增长0.7%；第二产业增加值22.58亿元，增长23%；第三产业增加值25.92亿元，增长13.8%。各产业对经济增长的贡献率分别为1.1%、55%和43.9%。

甘孜州经过五十多年的建设和发展，交通运输业取得了巨大的成就，公路等基础设施有了明显的改善。甘孜州政府制定了近期和中期交通发展规划。近期规划要求于2010年基本完成“东南两大环线（东环：小金界—丹巴—八美—新都桥—康定—磨西—泸定—二郎山隧道至成都，新都桥—九龙—冕宁界形成东环线的南延伸；南环：中甸界—得荣—巴塘—理塘—稻城—乡城—大雪山垭口云南界），北部主干线（新都桥—八美—道孚—炉霍—甘孜—德格—岗托），15条进出州通道（G318线东西进出州通道：二郎山隧道西口—泸定、巴塘—竹巴笼金沙江大桥；G317线东西进出州通道：炉霍、德格—岗托金沙江大桥；S211线南北进出州通道：泸定—石棉界、丹巴—阿坝金川界；S303线东出州通道：大坝—阿坝小金界；S216线南出州通道：稻城—凉山州木里界；S215线南出州通道：九龙—凉山州冕宁界；X041线南出州通道：得荣—中甸界；X177线东出州通道：泸定兴隆—汉源宜东；XV20线南出州通道：稻城日瓦—中甸界；东出州通道：康定金汤—宝兴），

2 座隧道（雀儿山隧道、雅家埂隧道），3 个机场（康定机场、亚丁机场和甘孜机场）”；中期规划要求到 2020 年，甘孜州公路网公路总里程达到 16 128 km（包括村道），公路网密度达到 10.5 km/100 km^2，连通度为 1.96，平均为 4 路连通。

甘孜州共有藏传佛教寺庙 515 座，僧尼 4 万余人（约占总人口的 5%）。藏传佛教寺庙保存了丰富的宗教文化内涵，特别是目前在世界范围内引人注目的藏传佛教密宗文化，在萨迦、噶举、宁玛派寺庙中保存得较为完整。甘孜州内重要寺庙有登青寺、满金寺、益西寺、竹庆寺、八邦寺、塔公寺、更庆寺、高尔寺、日库寺、长青春科尔寺、惠远寺、康宁寺等。

2006 年，全州有各级各类学校 930 所，在校学生 142 888 人（含成人），教职工 9 181 人，其中专任教师 8 039 人。

2006 年末，全州有卫生机构 625 个，床位 2 765 张；卫生技术人员 3 865 人，其中，执业医师 1 289 人，执业助理医师 804 人，注册护士 732 人；疾病预防控制机构 19 个，卫生技术人员 305 人；妇幼保健机构 19 个，执业医师和助理执业医师 149 人，注册护士 46 人；乡镇卫生院 324 个，执业医师和助理执业医师 682 人，注册护士 171 人。

4.2 主要规划景区所在区域自然环境概况

4.2.1 康定旅游区

康定旅游区是以康定县城为中心的周边区域包括跑马山、榆林宫、木格措等景区。

4.2.1.1 自然环境概况

规划景区地处青藏高原到云贵高原和四川盆地的过渡地带。在地形上，以大雪山中段折多山一线为界，将县境分为东西两大部分，以东为高山、极高山，以西为山原，地形复杂多样；规划景区气候兼有大陆高原型气候和山地型气候特征，气温变化年差较小，日差较大，昼夜温差悬殊。

项目所在区域的康定县境，河流以贡嘎山至折多山为界，分为东西两个区域性水系，东部属大渡河水系，西部属雅砻江水系。流向多北南向，因地形复杂多样，一、二级支流的流向中还有南北向、东西向、西东向。

4.2.1.2 生物多样性概况

（1）植物

康定县境资源丰富，全县长期坚持植树造林，成效显著，城区四周山地近万亩林地郁郁葱葱，长江防护林工程取得初步成效。全县森林覆盖率为 15.9%，面积 236.6 万亩，材积 2 586 万 m^3。在全省植被种类中，占有重要地位的植物有：柳杨属、杜鹃属、忍冬属、冷杉属、云杉属、小檗属、卫茅属、蔷薇属、凤毛菊属、五味子属、茜草属、报春花属等。其中，部分种群在全国范围内属分布中心，如杜鹃属、冷杉属、云杉属、小檗属、忍冬属、柳杨属等植物。主要树种有川西云杉、丽江云杉、云南松、油松、华山松、岷江柏林、桦、青杠等。食用菌种类数量大分布广，尤以松茸闻名。

（2）动物

区域野生动物种类繁多，有 300 余种，共有珍稀保护动物 29 种，占全省保护动物的 54%，占甘孜州的 80%。属国家Ⅰ级保护动物的有大熊猫、川金丝猴、白唇鹿、羚牛、林麝、马麝、白尾梢虹雉、黑颈鹤 8 种；属国家Ⅱ级保护动物的有小熊猫、盘羊、毛冠鹿、白马鸡、藏雪鸡、猕猴、短尾猴、水獭、兔狲、猞猁、白臀鹿、水鹿、鬣羚、斑羚、岩羊、伶鼬、血雉、白腹锦鸡等。

综上所述，康定旅游区位于青藏高原到云贵高原和四川盆地的过渡地带，区域生态环境良好，野生动植物种类多、数量大，是四川省物种和生态系统延续的关键地区。

表 2-19 康定旅游区保护动植物

	保护级别	种 类	物种数量
保护动物	国家Ⅰ级	大熊猫、川金丝猴、白唇鹿、羚牛、林麝、马麝、白尾梢虹雉、黑颈鹤	8
	国家Ⅱ级	小熊猫、盘羊、毛冠鹿、白马鸡、藏雪鸡、猕猴、短尾猴、水獭、兔狲、猞猁、白臀鹿、水鹿、鬣羚、斑羚、岩羊、伶鼬、血雉、白腹锦鸡	18
保护植物	国家Ⅰ级	—	—
	国家Ⅱ级	连香树、岷江柏	2

4.2.2 丹巴旅游区

丹巴旅游区位于丹巴县境内，包括墨尔多山、莫斯卡自然保护区等景区。

4.2.2.1 自然环境概况

该区域属于构造剥蚀高山峡谷地貌，山顶高程一般大于 4 000 m，最大切割深度大于 2 000 m，地形崎岖，常见陡崖峭壁；区域属于青藏高原季风气候，四季分明；规划区境内河流均属长江上游大渡河水系，4 条主要干流——大金河、小金河、革什扎河、东谷河在县城附近汇流入大渡河。境内水系发育，河流纵横，溪河密布，多达 181 条。

4.2.2.2 生物多样性概况

（1）植物

规划景区内土壤类型繁多，从河谷至山顶依次出现潮土、山地褐土、山地棕壤、暗棕壤、亚高山草甸土、高山草甸土、高山寒漠土。阳坡与阴坡的同一土类，其植被类型差异十分明显。由于地质结构复杂，地形地貌奇特，并受水系的影响，以及气候的综合作用，造就了丹巴县境内丰富的植被类型。整个植被资源随气候呈现垂直分布：海拔 2 200 m 以下地带（亚热带）分布着干热河谷灌丛；海拔 2 200～2 600 m 地带（暖温带）分布着灌木、阔叶林；海拔 2 600～3 200 m 地带（温带）分布着针阔混交林；海拔 3 200～3 800 m 地带（亚高山寒温带）和海拔 3 800～4 200 m 地带（高中山亚寒带）分布着暗针叶林；海拔 4 200 m 以上地带（高山寒带）分布着草丛。

根据相关资料，区域内分布有珍稀濒危物种，其中国家Ⅰ级保护植物有红豆杉，Ⅱ级保护植物有连香树、岷江柏等。在河谷两岸，保护植物呈零星分布，主要分布区域集中在党岭河及其上游区域，以及磨子沟上游区域。

（2）陆生动物

规划景区优越的自然条件，孕育了丰富的野生动物资源。境内栖息的国家Ⅰ级保护动物有雪豹、豹、金雕、绿尾虹雉、白唇鹿、林麝、马麝、玉带海雕、胡兀鹫等 9 种；国家Ⅱ级保护野生动物有藏酋猴、猕猴、黑熊、水獭、水鹿、白臀鹿、藏原羚、斑羚、岩羊、雀鹰、秃鹫、兀鹫、猞猁、鸢、苍鹰、草原雕、白尾鹞、猎隼、游隼、灰背隼、血雉等 23 种。

（3）鱼类

依据历史文献和本次调查结果，区域流域约有鱼类 9 种，占大渡河鱼类（111 种）的 8.1%；9 种鱼类中经济鱼类有 6 种。

综上所述，丹巴旅游区自然条件较优越，生境多样，生物多样性丰富。

表 2-20 丹巴旅游区保护动植物

	保护级别	种 类	物种数量
保护动物	国家Ⅰ级	雪豹、豹、金雕、绿尾虹雉、白唇鹿、林麝、马麝、玉带海雕、胡兀鹫	9
	国家Ⅱ级	藏酋猴、猕猴、黑熊、水獭、水鹿、白臀鹿、藏原羚、斑羚、岩羊、雀鹰、秃鹫、兀鹫、猞猁、草原雕、鸢、苍鹰、白尾鹞、猎隼、游隼、灰背隼、血雉	21
保护植物	国家Ⅰ级	红豆杉	1
	国家Ⅱ级	连香树、岷江柏	2

4.2.3　亚拉旅游区

亚拉旅游区位于丹巴到塔公的主线上，由亚拉自然自然风景区、八美土石林和慧远寺等组成。

4.2.3.1　自然环境概况

亚拉规划景区地处青藏高原东南缘的鲜水河断裂带，是山地与高原间的过渡带。区域内多数地区海拔在 3 000 m 以上，山峰最高海拔为 5 820 m，最低海拔 2 670 m，岭谷高差悬殊；区域气候属寒温带大陆性季风气候，自下而上在海拔 2 600～3 200 m 之间为山地温湿带半干旱气候区，4 200～4 700 m 之间为山地寒带半湿润区，5 000 m 以上的高山为冻原气候区；规划景区属大渡河水系的主要河流有玉曲河、曲瓦鲁科、五香柯、东谷河等，属雅砻江水系的主要河流有鲜水河、庆大河、茶垭河等。

4.2.3.2　生物多样性概况

（1）陆生生物

区域有着丰富的野生动植物资源，据相关资料区域国家 I 级保护动物有白唇鹿、雪豹、羚牛、林麝、金雕。国家II级保护动物有黑熊、马熊、水獭、小灵猫、小熊猫、斑羚、岩羊、秃鹫、藏酋猴、石貂、斑林狸、盘羊、藏马鸡、游隼、大绯胸鹦鹉、灰头鹦鹉、红腹锦鸡等。区域分布的植物主要为微孔草、绿绒蒿、高山韭、龙胆、崔雀、沙参等。

（2）鱼类

据相关资料区域主要鱼类为裂腹鱼、裸裂尻鱼、鮡类等。

综上所述，亚拉旅游区平均海拔较高，气候属寒温带大陆性季风气候，区域植被种类相对较少，主要为高山草甸，但区域野生动物资源丰富。

表 2-21　亚拉旅游区保护动植物

	保护级别	种　类	物种数量
保护动物	国家 I 级	白唇鹿、雪豹、羚牛、林麝、金雕	5
	国家II级	黑熊、马熊、水獭、小灵猫、小熊猫、斑羚、岩羊、秃鹫、藏酋猴、石貂、斑林狸、盘羊、藏马鸡、游隼、大绯胸鹦鹉、灰头鹦鹉、红腹锦鸡	17
保护植物	国家 I 级	—	—
	国家II级	虫草、松茸	2

4.2.4 泸定海螺沟旅游区

泸定海螺沟旅游区以冰川公园为主体，主要由海螺沟冰川公园、泸定县城、二郎山森林公园等景区组成。

4.2.4.1 自然环境概况

规划景区地处青藏高原的东南缘，景区西邻南北向的贡嘎山主山体，北至泸定、康定县界，南邻海螺沟景区，东接磨西河东侧山脊。区域的地貌以高山峡谷为主，其地貌受大地构造的控制，形成了山脉河流的相向排列和南北走向的格局。贡嘎山主峰海拔 7 556 m，终年为冰雪覆盖，四周海拔 6 000 m 以上高峰达 45 座，海拔 5 000 m 以上的极高山区占贡嘎山保护区面积的 1/6，由它们构成了横断山脉著名的极高山区。该景区属大陆性季风高原型气候，其特点是年度中为干季，气候冷、燥，天气晴朗且日照强烈，日温差大；而第 2 年 4 月开始雨水增多，气候湿润，局部地区多雷雨、冰雹、大风的湿季气候。景区处于大渡河和雅砻江之间，区内河流多，密度大，主要河流有磨西河、湾东河、田湾河、松林河、斜卡河等，燕子沟、南门关沟、大木杆沟、黑沟、小河子沟等溪流是其主要支流，水体清澈透亮，水质优良。

4.2.4.2 生物多样性概况

（1）植物

该景区植物种类繁多，根据现有资料，贡嘎山地区有维管束植物 185 科、869 属、约 2 500 种。其中蕨类植物 29 科、51 属、约 120 种；种子植物 156 种，818 属，约 2 380 种。蕨类植物中，热带、亚热带性质的属较丰富，占全部蕨类总属的 60%以上。种子植物中，温带性质和热带、亚热带性质的属占优势，分别约为种子植物总属数的 54.1%和 30.4%。保护区内属于国家第一批重点保护的植物有 19 种，另有 25 种也被有关单位初步确定为珍稀植物。据调查，燕子沟景区内共有维管束植物 84 科、196 属、286 种。其中蕨类植物 6 科、9 属、10 种，种子植物 78 科、187 属、276 种。其中有红豆杉、独叶草、连香树等 13 种国家重点保护植物。

（2）陆生动物

① 大熊猫。据第三次全国大熊猫调查成果，区域内的大熊猫栖息地面积共 9 750 hm^2。保护区大熊猫栖息地为小相岭 C 种群的一部分，集中分布于四川贡嘎山国家级自然保护区的东南角。

② 其他动物。据统计，该区域野生动物有兽类 60 种，鸟类 266 种，爬行类 22 种，两栖类 14 种。

兽类中有国家重点保护动物 29 种。其中国家 I 级保护动物包括白唇鹿

(*Cervus albirostris*)、马鹿(*Cervuselaphus macneilli*)、林麝(*Moschus berezovskii*)、马麝(*Moschus sifanicus*)、羚牛(*Budorcas taxicolor*)、川金丝猴(*Rhinopithecus roxellana*)、大熊猫(*Ailuropoda melanoleuca*)、雪豹(*Panthera uncia*)、黑颈鹤(*Grus nigricollis*)、豹(*Panthera pardus*)、云豹(*Neofelis nebulosa*);国家Ⅱ级保护动物包括小熊猫(*Ailurus fulgens*)、毛冠鹿(*Elaphodus cephalophus*)、白臀鹿(*Cervus elaphus*)、水鹿(*Cervus unicolor*)、盘羊(*Ovis ammon*)、金猫(*Felis temmincki*)、岩羊(*Pseudois nayaur*)、黑熊(*Selenarctos thibetanus*)、猕猴(*Macaca mulatta*)等。

鸟类中属国家级保护的有红腹角雉(*Tragopan temminckii*)、绿尾虹雉(*Lophophorus lhuysii*)、藏马鸡(*Crossoptilon crossoptilon*)、藏雪鸡(*Tetraogallus tibetanus*)、血雉(*Ithaginis cruentus*)等。另外,在我国99种特产鸟类中,四川占58种,贡嘎山保护区有30种。

保护区内还生活着大量爬行类动物,主要有横纹小头蛇、棕网游蛇、颈槽游蛇九龙亚种、白条锦蛇、黑眉锦蛇、山滑蛇、康定滑蜥、草绿龙蜥、大渡石龙子等。

③ 鱼类。工程评价区内有鱼类7种,隶属2目、3科、5属。

综上所述,泸定海螺沟旅游区是世界上生物多样性的典型地区,生物多样性十分丰富;景区拥有四川第一高山贡嘎山,其垂直带谱十分明显,植被完整,生态环境原始;植物区系复杂,拥有野生动植物资源种类最多、数量最大。

表2-22 泸定海螺沟旅游区保护动植物

	保护级别	种 类	物种数量
保护动物	国家Ⅰ级	白唇鹿、马鹿、林麝、马麝、羚牛、川金丝猴、大熊猫、雪豹、黑颈鹤、豹、云豹、绿尾虹雉	12
	国家Ⅱ级	小熊猫、毛冠鹿、白臀鹿、水鹿、盘羊、金猫、岩羊、黑熊、猕猴、藏酋猴、水獭、藏原羚、斑羚、红腹角雉、藏马鸡、藏雪鸡、血雉、红腹锦鸡	18
保护植物	国家Ⅰ级	红豆杉、独叶草	2
	国家Ⅱ级	四川红杉、西康玉兰、油樟、水青树、连香树、圆叶玉兰	6

4.2.5 稻城亚丁旅游区

4.2.5.1 自然环境概况

稻城亚丁旅游区包括亚丁自然保护区、海子山自然保护区和稻城县城。

规划景区位于四川省甘孜藏族自治州稻城县南部,景区地处甘孜—理塘蛇绿混杂岩带与义敦古火山岛弧带接合带的中南段，是我国从最高一级地貌单元（青藏高原）向第二级地貌单元（云贵高原）的过渡地带。该景区属大陆性季风高原型湿润气候，最冷月出现在1月，最暖月为7月。规划景区的河流均属于木里河水系，主要有东义河及其支流，日瓦河及其支流。除东义河和日瓦河干流外，其支流大多都发源于念青贡嘎日松贡布，呈放射状注入东义河和日瓦河。

4.2.5.2 生物多样性概况

（1）植物

亚丁的河谷基面最低海拔达 2 200 m 以上，已超出了常绿阔叶林的垂直分布范围。但因河谷地带降水量不高，气候偏干偏暖，河谷内仍广泛发育了适应干暖生境的小叶、多刺的河谷灌丛，并占据海拔 3 000 m（阳坡可达 3 200 m）的内地带，主要优势种为白刺花、小角柱花、小叶帚菊、黄花莸，以及金合欢、清香木、小叶黄荆、香茶菜等。该垂直带内的部分沟谷、谷坡凹槽地段常有稀疏的云南松林、云南松与长穗高山栎混交林，以及铁橡栎矮林或灌丛，垂直带上段还可见到矮高山栎灌丛。

亚高山针叶林带是该区面积最广，垂直幅度最大，植被类型最丰富的垂直带。其垂直分布范围为海拔 3 000～4 500 m。亚高山针叶林带的代表类型是由高山松、川西云杉、丽江云杉、鳞皮冷杉、长苞冷杉、大果红杉等组成的多种纯林和混交林。海拔 3 800 m 以上的部分阳坡分布有大果圆柏、方枝圆柏、塔枝柏组成的疏林；海拔 3 400 m 以下的石灰岩地段有干香柏古树残留。此外，垂直带内还分布有川滇高山栎、黄背高山栎等高山栎类林，中山杨、糙皮桦、花楸、槭等组成的落叶阔叶林和以杜鹃为主的常绿阔叶灌丛，以二色锦鸡儿、栒子、峨眉蔷薇等为主的落叶阔叶灌丛。

海拔 4 500～5 000 m 为高山灌丛草甸带。阴坡、半阴坡及缓坡地段，多种小叶型杜鹃组成了类型十分复杂的高山常绿阔叶灌丛，是带内分布面积最广的种属。半阴坡及沟谷地段为三棵针、窄叶鲜卑花、绣线菊、多种柳组成的落叶阔叶灌丛。阳坡的陡坡地段有川滇高山栎、黄背栎组成的常绿阔叶灌丛和香柏组成的高山针叶灌丛。高山草甸不甚发育，以四川蒿草、珠牙蓼、香青等为优势种，主要见于局部地势平缓的阳坡，排水不良地段有灯心草、华扁穗草等喜湿种类分布。

高山流石滩稀疏植被相对较简单，分布海拔为 4 500～5 200 m，与现代雪线相接，主要由多种风毛菊、雪莲花、红景天组成。

（2）陆生动物

区内约有野生动物 200 余种，属南方动物区系的有小熊猫、豹猫、林麝、白臀鹿、羚牛等，属北方动物区系的有狼、猞猁、岩羊、藏鼠兔等。兽类中属国家

Ⅰ、Ⅱ级保护动物有羚牛、小熊猫、水鹿、白臀鹿、林麝、豹、金猫、鬣羚、斑羚、黑熊、短尾猴等。此外，黄鼬、松鼠、灰尾兔、猪獾等分布数量也较大。

鸟类中属国家保护动物的有藏马鸡、金鸡、藏雪鸡、雉鸡、血雉等。我国特有种类有花背噪鹛、橙枝噪鹛、褐背拟地鸦等。此外，其他鸟类也十分丰富，分布数量也较大。爬行类、两栖类动物主要有高原蝮蛇、烙铁头、斜鳞蛇、滑蜥、中国林蛙、大蟾蜍等。

（3）鱼类

鱼类种类较丰富，主要有四川裂腹鱼、短须裂腹鱼、厚唇裸重唇鱼、松潘裸鲤、短尾高原鳅、梭形高原鳅、细尾高原鳅、斯氏高原鳅、黄石爬鮡等。

综上所述，稻城亚丁旅游区是我国从最高一级地貌单元（青藏高原）向第二级地貌单元（云贵高原）的过渡区，区域人为干扰和破坏程度较轻，有丰富的动植物资源和复杂多样的生物基因。

表 2-23　稻城亚丁旅游区保护动植物

	保护级别	种　类	物种数量
保护动物	国家Ⅰ级	羚牛、白唇鹿、林麝、马麝、雪豹和豹	6
	国家Ⅱ级	小熊猫、猕猴、藏酋猴、豺、黑熊、马熊、青鼬、石貂、水獭、小爪水獭、兔狲、猞猁、丛林猫、金猫、水鹿、白臀鹿、藏原羚、鬣羚、斑羚、岩羊	20
保护植物	国家Ⅰ级	玉龙蕨、水韭属	2
	国家Ⅱ级	虫草、松茸、金铁锁、桃儿七、乡城南星、山莨菪、扇蕨	7

4.2.6　九龙伍须海旅游区

九龙伍须海旅游区位于九龙县境内，是贡嘎山国家风景名胜区西南坡的主体景区。

4.2.6.1　自然环境概况

规划景区位于四川省西南部、甘孜藏族自治州东南边缘，地处横断山脉北段，属青藏高原向四川盆地过渡地带，景区地势北高南低，北部最高海拔 6 010 m，南部河谷最低海拔 1 440 m。本区属大陆性季风、高原性气候，气候寒冷，四季不分明，干湿季节明显，雨热同季，具有日照充足、降水集中、年度温差小、日温差大、无霜期短等特征。气候垂直分带明显，小气候复杂多样。区域河流九龙河为雅砻江的一级支流，河岸坡度陡，多呈“V”或“U”形。九龙河平均流量 26.3 m^3/s，年径流量 8.29 亿 m^3。

4.2.6.2 生物多样性概况

（1）植物

常绿阔叶林（海拔高程约 1100～2 200 m）是该片区的基带植被。海拔 1 800 m 以下主要是灌丛和草丛，以及云南松、云南油杉、光叶高山栎林类；海拔 1 800 m 以上主要分布常绿与落叶阔叶混交林，常绿树种为青冈、曼青冈等，落叶树种主要有连香树、水青树、康定木兰、多种槭树等。

植物种类 2 500 种，其中中药材等 437 种，如虫草、贝母、知母等。以松茸为主的多种食用菌具有显著的经济价值。

（2）动物

本片区野生动物资源丰富，有小熊猫、白唇鹿、水鹿、短尾猴、狗熊、马熊、苏门羚、羚牛、麝、麂、盘羊、岩羊、狐狸、绿尾虹雉、大腓胸鹦鹉、白马鸡、长尾鸡、水獭、旱獭等珍稀动物近百种，珍稀鸟类几十种。

综上所述，九龙伍须海旅游区位于贡嘎山东坡，其生物多样性丰富，片区内野生动植物种类、数量繁多。

表 2-24 九龙旅游区保护动植物

	保护级别	种　类	数量
保护动物	国家Ⅰ级	白唇鹿、马鹿、林麝、马麝、羚牛、豹、绿尾虹雉	7
	国家Ⅱ级	小熊猫、毛冠鹿、白臀鹿、水鹿、盘羊、金猫、岩羊、猕猴、藏酋猴、黑熊、水獭、斑羚、红腹角雉、藏马鸡、藏雪鸡、血雉、红腹锦鸡	17
保护植物	国家Ⅰ级	—	—
	国家Ⅱ级	虫草、松茸	2

4.2.7 德格新路海旅游区

德格新路海旅游区包括德格印经院、更庆寺、白唇鹿自然保护区、格萨尔王诞生地等景点。

4.2.7.1 自然环境概况

规划景区位于四川省甘孜藏族自治州的西北边境，青藏高原的东南缘，横断山系沙鲁里山北部，金沙江东岸。全境地形复杂，著名的雀儿山位于景区中部，由东北向南倾斜，将全县分隔成明显的两大部分。西南部为极高山、高山峡谷，东北部为丘状高原。景区气候属青藏高原气候类型，气温低，冬长无夏，春秋相连。区域水系由金沙江水系和雅砻江水系组成，境内流域面积在 100 km^2 以上的河流共 17 条，其余不足 100 km^2 的小河沟有 70 余条；主河道长 306.5 km，地表径流总量 28.169 亿 m^3。在地域分布上，县境东北部雅砻江水系的主要河流有 12 条，主河道长 506.5 km，径流总量 15.802 亿 m^3。

4.2.7.2 生物多样性概况

（1）植物

片区植被资源丰富，有云杉、冷杉、柏、三颗针、高山柳、蓝花、侧金盈、虫草、贝母、红景天、雪莲花等。

（2）动物

片区有白唇鹿、藏原羚、岩羊、马熊、雪豹、马麝、兔狲、猞猁、秃鹫、胡兀鹫、藏雪鸡、血雉等珍禽异兽，共有国家Ⅰ级保护动物 10 种，Ⅱ级保护动物 20 种。

综上所述，德格新路海旅游区具有较完整的生物多样性特征，其生态环境较为原始、自然，片区内野生动植物分布繁多。

表 2-25 德格新路海旅游区保护动植物

	保护级别	种 类	物种数量
保护动物	国家Ⅰ级	白唇鹿、马鹿、林麝、马麝、羚牛、雪豹、黑颈鹤、豹、云豹、绿尾虹雉	10
	国家Ⅱ级	小熊猫、毛冠鹿、白臀鹿、水鹿、盘羊、金猫、岩羊、黑熊、猕猴、藏酋猴、水獭、斑羚、红腹角雉、藏马鸡、藏雪鸡、血雉、红腹锦鸡、兔狲、猞猁、秃鹫	20
保护植物	国家Ⅰ级	—	—
	国家Ⅱ级	虫草、松茸	2

4.2.8 巴塘措普沟旅游区

巴塘措普沟旅游区位于川西边陲，川、滇、藏三省交界处，景点以措普沟风景名胜区为主。

4.2.8.1 自然环境概况

规划景区位于青藏高原东南部，地势由西北向东南倾斜，一般山岭海拔 4 500～5 500 m，河谷深切至海拔 2 000～3 400 m，均为大峡谷河段。地貌呈高原-高山峡谷景观。规划景区气候寒冷半湿润，天气晴燥少雨风大，无霜期短（13～69 天）或无绝对无霜期。区域水系主要为金沙江流域。金沙江流域径流主要来自降雨，上游有部分融雪补给。径流年内分配与降水的季节变化基本一致。

4.2.8.2 生物多样性概况

（1）植物

区域属寒温带湿润性高山复合带生态系统。在海拔 3 200～4 500 m 的垂直范围内，植物群落带分明，森林茂密原始，生态完整，分布有亚高山针叶林、高山栎林、高山灌丛草原和高山流石滩植被。

片区资源植物以药用和经济作物为主，有松茸、木耳、虫草、知母、贝母、大黄、黄芪、丹皮、党参等。

（2）动物

本片区内珍稀野生动物品种丰富，有国家Ⅰ级保护动物白唇鹿、滇金丝猴、雪豹和黑颈鹤，国家Ⅱ级保护动物藏原羚、盘羊、藏马鸡、红腹角雉、藏雪鸡及大批Ⅲ级保护动物。

综上所述，巴塘措普沟旅游区为垂直农业气候和立体生态环境，其植被资源主要以药用及经济作物为主，野生经济价值较高的植物种类繁多；同时，多层次的地表植被为各种动物提供了生长、繁衍的环境和条件，其野生动物种类及数量较多。

表 2-26 巴塘措普沟旅游区保护动植物

	保护级别	种 类	物种数量
保护动物	国家Ⅰ级	白唇鹿、滇金丝猴、雪豹、黑颈鹤	4
	国家Ⅱ级	藏原羚、盘羊、藏马鸡、红腹角雉、藏雪鸡	5
保护植物	国家Ⅰ级	—	—
	国家Ⅱ级	虫草、松茸	2

4.2.9 格西沟帕姆岭旅游区

格西沟帕姆岭旅游区位于甘孜州南部，主要由格西沟自然保护区、帕姆岭及希若旅游区组成。

4.2.9.1 自然环境概况

规划景区位于青藏高原东南边缘横断山脉中段，雅砻江中游，大雪山与沙鲁里山之间的山原地。地质构造十分复杂，属川西地槽系，出露岩层多种多样。从鲜水河断裂地带起，主要由三叠系的浅变质砂岩构成，其次为新生界的片岩、火山岩、灰岩等。区域属高原季风气候类型，冬季受西北大陆性季风影响，夏季受印度洋海洋性季风影响，春秋季受上述两种季风的交替影响。雅砻江是景区内最大的一条河流，其主要支流有鲜水河、庆大河、曲入河、米西河、祝桑河、霍曲河、马岩河 7 条，其中鲜水河是最北的一条支流，从道孚县流入境内。

4.2.9.2 生物多样性概况

（1）植物

规划区域气候、土壤均适宜多种牧草生长。牧草种类繁多，以禾本科、莎草科、蔷薇科、菊秆科为主，其中优质牧草主要有高山嵩草、早熟禾、紫花羊茅、大叶苜蓿等，草质优良，营养丰富，有毒成分少。

区域森林的主要树种有冷杉、柏树、云杉、桦树、栎类、高山松、落叶松等。经济林木树种主要有苹果、梨、花椒、核桃等。

区域内有松茸、虫草、黑木耳等多种珍贵的菌类资源，特别是松茸产地广，产量大，营养丰富，经济价值高，是出口创汇的大宗产品，为区域经济发展及农牧民增收作出了贡献。

（2）动物

区域野生动物主要有鹿、獐、猿、熊、旱獭、獾、岩羊等。其中有林麝和雉鹑等国家Ⅰ级重点保护动物3种，Ⅱ级重点保护动物20种。

综上所述，区域生态环境现状较好，其牧草资源及经济作物资源丰富，有部分保护类野生动植物。

表 2-27　格西沟帕姆岭旅游区保护动植物

	保护级别	种　类	物种数量
保护动物	国家Ⅰ级	林麝、雉鹑、绿尾虹雉	3
	国家Ⅱ级	大绯胸鹦鹉、猕猴、黑熊、水獭、猞猁、金猫、水鹿、藏原羚、斑羚、岩羊、盘羊、草原雕、红腹角雉、藏马鸡、藏雪鸡、血雉、红腹锦鸡、兔狲、猞猁、秃鹫	20
保护植物	国家Ⅰ级	—	—
	国家Ⅱ级	虫草、松茸	2

4.2.10　理塘格聂山旅游区

理塘格聂山旅游区包括理塘县城及其周边景点以及格聂山自然生态区。

4.2.10.1　自然环境概况

规划景区位于四川省西部地区的甘孜藏族自治州西南部，金沙江与雅砻江之间。在地理上属青藏高原东南缘丘状高原向高原峡谷过渡的山原地带，总地势是西部和中部高亢、向东南与东北渐低，整个地貌景观呈山原类型。规划景区河流较多，水资源丰富，分为雅砻江与金沙江两大水系。雅砻江水系主要有无量河、热衣曲河、呷柯河、白拖河、桑多河、君坝河、德巫河7条，还有仁达沟、增达沟、阿中沟等溪流直接注入雅砻江。金沙江水系主要有拉波河、希曲河、那曲河、霍曲河等。景区内属青藏高原气候区，总体特征是冬长无夏，昼夜温差大，日照时间长，降水量相对较少，没有绝对的无霜期。

4.2.10.2 生物多样性概况

（1）动物

景区所在区域地形起伏大，气候多样，植被群落繁多，为野生动物与昆虫的生存提供了天然的屏障和条件，野生动物种类繁多。其中国家Ⅰ级保护动物有羚羊、豹、雪豹、林麝、白唇鹿、绿尾虹雉。国家Ⅱ级保护动物有猕猴、黑熊、水獭、猞猁、金猫、水鹿、藏原羚、斑羚、岩羊、盘羊、草原雕、藏马鸡。

（2）植物

区域药用植物种类较多，大宗细药材有虫草、贝母、知母等，粗药材有黄芪、大黄、党参、秦艽、丹皮、木香、羌活、独一味。

综上所述，理塘格聂山旅游区生态环境现状较好，平均海拔较高，其植被资源主要以药用及经济作物为主，野生经济价值较高的植物种类繁多；同时由于区域地广人稀，森林、草地面积大，野生动物，特别是保护类野生动物分布较多。

表 2-28 理塘格聂山旅游区保护动植物

	保护级别	种　类	物种数量
保护动物	国家Ⅰ级	羚羊、豹、雪豹、白唇鹿、林麝、绿尾虹雉	6
	国家Ⅱ级	猕猴、黑熊、水獭、猞猁、金猫、水鹿、藏原羚、斑羚、岩羊、盘羊、草原雕、藏马鸡	12
保护植物	国家Ⅰ级	—	—
	国家Ⅱ级	虫草、松茸	2

4.3 典型旅游区生态、开发现状

4.3.1 泸定海螺沟旅游区

4.3.1.1 植被

区域有着复杂多样的植被类型，从垂直分布看，随海拔高度不同和水热条件的变化，植被呈明显的垂直带谱分布，且东、西坡植被类型差异明显。

（1）贡嘎山东坡

常绿阔叶林[海拔在 1 100～2 200（2 400）m]：是贡嘎山东坡的基带植被。海拔 1 800 m 以下主要是灌丛和草丛，以及云南松、云南油杉、光叶高山栎林类；海拔 1 800 m 以上主要分布常绿与落叶阔叶混交林，常绿树种为青冈、曼青冈等，落叶树种主要有连香树、水青树、康定木兰、多种槭树等。

针叶、阔叶混交林（海拔在 2 200～2 500 m）：组成针叶、阔叶混交林的主要是铁杉、云南铁杉、多种槭树、多种桦木等。

亚高山针叶林（海拔在 2 500～3 600 m）：代表树种为麦吊云杉、冷杉、四川红杉等，冷杉林随海拔升高有冷杉箭竹林和冷杉杜鹃林的垂直分布。云、冷杉迹地上有糙皮桦、长穗桦等形成的落叶阔叶林，垂直带上缘还有凝毛金褐杜鹃矮林。

高山灌丛草甸（海拔在 3 600～4 600 m）：高山灌丛主要以毛喉杜鹃、凝毛金褐杜鹃、多种柳为主；多种太白韭、银叶委陵等组成高山草甸。

高山流石滩稀疏植被（海拔在 4 600～4 900 m）：与现代积雪线紧紧相接，以多种凤毛菊、多种红景天等组成。

（2）贡嘎山西坡

亚高山针叶林（海拔在 3 000～4 000 m）：以川西云杉、黄果云杉、丽江云杉、鳞皮云杉、鳞皮冷杉、长苞冷杉、川滇冷杉、黄果冷杉等亚高山针叶林为主。虽然其组成种类仍是云杉、冷杉属植物，但多以耐干冷气候特点的种类占优势，种类也较东坡丰富并相互渗透，组成混交类型。亚高山针叶林带内尚有长穗高山栎、光叶高山栎、灰背高山栎、黄背高山栎、川滇高山栎组成的硬叶常绿阔叶林和高山松林，以及四川红杉、大果红杉为建群种的落叶针叶林。

高山灌丛草甸（海拔 4 000～4 800 m）：高山草甸主要由高山蒿草、珠芽蓼、细叶蓼、康定委陵菜等组成，其间有多种杜鹃组成的常绿阔叶灌丛、多种柳、鬼箭锦鸡儿、高山绣线菊、窄叶鲜卑花灯组成的落叶阔叶灌丛零星分布。

高山流石滩稀疏植被[海拔 4 600～5 100（5 200）m]：与现代积雪线紧紧相接，以多种凤毛菊、红景天等组成。

4.3.1.2 土壤类型及其分布

贡嘎山区域土壤在空间分布上具有明显的地域差异性和垂直分异性特征。

贡嘎山主脊线以东大渡河谷区从田湾河口到瓦斯沟口分布的土类：山地黄壤、山地黄红壤和山地褐土；从磨西河口沿海螺沟至海拔 4 900 m 分布的土类：山地黄棕壤、山地棕壤、山地暗棕壤、山地暗棕色针叶林土、山地草毡土、山地寒漠土。在磨西河上游的猪腰子海冷杉林分布区出现以山地漂灰土代替山地暗棕色森林土的现象。

贡嘎山主脊线以西在田湾河中上游，从下往上发育了山地棕壤、山地暗棕壤和山地暗棕色森林土。另外，在子梅山以西的玉农溪谷地及六巴至沙德一带，由于降水量较少，河谷区土壤从下游往上游依次为山地淋溶褐土、山地棕壤和山地暗棕壤。

4.3.1.3 生态系统多样性

（1）森林生态系统

森林生态系统是本区分布最广、面积最大的生态系统类型。此类生态系统在该区域的分布海拔介于 1 400～3 600 m，组成该系统的群落有常绿阔叶林、针阔叶混交林和亚高山针叶林。常绿阔叶林群落分布于海拔 1 400～2 200 m 之间，主要以樟、楠、石栎、青冈等植物为主；针阔叶混交林群落分布于海拔 2 200～2 500 m 之间，主要以铁杉、云杉、桦木、槭树等为主；亚高山针叶林群落分布于海拔 2 500～3 600 m 之间，主要以冷杉、云杉等为主。森林生态系统状况良好，生境层次丰富，分布有大量陆生脊椎动物。

（2）灌丛生态系统

灌丛生态系统主要分布于森林上界，海拔在 3 600～4 600 m 之间，以杜鹃群落和高山柳群落为主。杜鹃群落伴生的植物有香青、委陵菜、马先蒿、报春花、景天等；高山柳群落主要分布于河谷地区，伴生的植物有委陵菜、报春花、景天、银莲花等。灌丛生态系统栖息的动物主要有豺、马熊、黄鼬、根田鼠、松田鼠、大嘴乌鸦、小嘴乌鸦、红嘴山鸦、中华蟾蜍等。

（3）草甸生态系统

草甸生态系统和灌丛生态系统交错分布。草甸生态系统主要有蒿草群落、羊茅群落、高山韭群落、珠芽蓼+圆穗蓼群落；栖息的动物种类主要有马熊、喜马拉雅旱獭、龙姬鼠、灰头鸫、拟大朱雀、红眉朱雀、曙红朱雀。

（4）高山流石滩生态系统

高山流石滩生态系统分布于高山草甸上部，主要的植物种类有各种凤毛菊、丛菔、美花草、绵参、金沙绢毛菊等；栖息的动物主要有马麝、岩羊、灰尾兔、藏鼠兔、藏雪鸡等。

（5）冰川生态系统

本区分布有大面积冰川，为本区的一大特色。

（6）湿地生态系统

湿地生态系统主要的植物群落为高山柳灌丛、杜鹃灌丛。分布于雅家梗沟各支流的湖泊湿地生态系统，水质较好。于天药水瓶附近分布有泥炭沼泽，此类沼泽组成的湿地生态系统主要的植物群落有铁杉混交林群落，植物物种有铁杉、川西云杉、刺榛、西南樱桃、栒子、杜鹃、花楸等。栖息于湿地生态系统中的动物种类主要有白鹭、绿翅鸭、赤麻鸭、普通翠鸟、西藏山溪鲵、沙坪角蟾、中华蟾蜍和四川湍蛙。

4.3.1.4 生物多样性

（1）植物种类

根据现有资料，按《中国高等植物图案》排列的系统，并参考《中国植物志》，经初步整理，贡嘎山地区有维管束植物 185 科、869 属、约 2 500 种。其中蕨类植物 29 科、51 属、约 120 种；种子植物 156 种、818 属、约 2 380 种。蕨类植物中，热带、亚热带性质的属较丰富，占全部蕨类总属数的 60%以上。种子植物中，温带性质和热带、亚热带性质的属占主要优势，分别约为种子植物总属数的 54.1% 和 30.4%。保护区内属于国家第一批重点保护的植物有 19 种，另有 25 种也被有关单位初步确定为珍稀植物。据调查，燕子沟景区内共有维管束植物 84 科、196 属、286 种。其中蕨类植物 6 科、9 属、10 种，种子植物 78 科、187 属、276 种；13 种国家重点保护植物，Ⅰ级保护植物 2 种，Ⅱ级保护植物 6 种（表 2-29）。

表 2-29 泸定海螺沟景区珍稀濒危植物名录

名称	学名	保护级别
红豆杉	*Taxus chinensis*	Ⅰ
独叶草	*Kingdonia uniflora*	Ⅰ
圆叶玉兰	*Magnolia sinensis*	Ⅱ
西康玉兰	*Magnolia wilsonii*	Ⅱ
油樟	*Cinnamomum longepaniculatum*	Ⅱ
水青树	*Tetracentron sinense*	Ⅱ
连香树	*Cercidiphyllum japonicum*	Ⅱ
四川红杉	*Larix mastersiana*	Ⅱ

（2）动物种类

① 大熊猫资源。据第三次全国大熊猫调查统计，四川贡嘎山国家级自然保护区大熊猫栖息地面积共 9 750 hm^2，约占保护区总面积（409 143.5 hm^2）的 2.38%。保护区大熊猫栖息地为小相岭 C 种群的一部分，集中分布于四川贡嘎山国家级自然保护区的东南角。

② 其他动物资源。据统计保护区野生动物有 322 种，其中兽类 60 种，鸟类 266 种，爬行类 22 种，两栖类 14 种以及多种鱼类。

其中兽类中被列为国家级重点保护的珍稀濒危动物有白唇鹿（*Cervus albirostris*）、马鹿（*Cervuselaphus macneilli*）等共有 29 种。属于国家Ⅰ级重点保护的野生动物包括白唇鹿、马鹿、林麝（*Moschus berezovskii*）、马麝（*Moschus sifanicus*）、羚牛（*Budorcas taxicolor*）、川金丝猴（*Rhinopithecus roxellana*）、大熊

猫（*Ailuropoda melanoleuca*）、雪豹（*Panthera uncia*）、黑颈鹤（*Grus nigricollis*）、豹（*Panthera pardus*）、云豹（*Neofelis nebulosa*）；属于国家Ⅱ级重点保护的野生动物包括小熊猫（*Ailurus fulgens*）、毛冠鹿（*Elaphodus cephalophus*）、白臀鹿（*Cervus elaphus*）、水鹿（*Cervus unicolor*）、盘羊（*Ovis ammon*）、金猫（*Felis temmincki*）、岩羊（*Pseudois nayaur*）、黑熊（*Selenarctos thibetanus*）、猕猴（*Macaca mulatta*）等。此外，保护区内松鼠、黄鼬、猪獾、灰尾兔、喜马拉雅旱獭等数量也较大。

鸟类中属国家级保护动物的有红腹角雉（*Tragopan temminckii*）、绿尾虹雉（*Lophophorus lhuysii*）、藏马鸡（*Crossoptilon crossoptilon*）、藏雪鸡（*Tetraogallus tibetanus*）、血雉（*Ithaginis cruentus*）等。另外，在我国 99 种特产鸟类中，四川占 58 种，贡嘎山保护区有 30 种。

保护区内还生活着大量爬行类动物，主要有横纹小头蛇、棕网游蛇、颈槽游蛇九龙亚种、白条锦蛇、黑眉锦蛇、山滑蛇、康定滑蜥、草绿龙蜥、大渡石龙子等。

（3）鱼类资源

区内有鱼类 7 种，隶属 2 目、3 科、5 属，鱼类物种名录见表 2-30。

表 2-30　鱼类目、科、属名及所含种数

目	科	属	种	%
鲤形目（Cypriniformes）	鳅科（Cobitidae）	高原鳅属（*Triplophysa*）	1	14.29
		副鳅属（*Paracobitis*）	1	14.29
	鲤科（Cyprinidae）	裂腹鱼属（*Schizothorax*）	2	28.57
		裸裂尻鱼属（*Schizopygopsis*）	1	14.29
鲇形目（Siluriformes）	鮡科（Sisoridae）	石爬鮡属（*Euchiloglanis*）	2	28.57

按鱼类主要生活环境和生活水层的不同，本区鱼类可划分为下列几种生态类群：

① 急流底栖类群：此类群有特化的吸盘或类似吸盘的附着结构，适于附着在江河急流浅滩水底物体上生活，以藻类或底栖动物等为食。鮡科的 2 种鱼属于此类，占本区目前已知有分布的 7 种鱼类总种数的 28.57%。

② 流水急流水中下层类群：有齐口裂腹鱼（*Schizothorax prenanti*）、长须裂腹鱼（*Schizothorax longibarbus*）、大渡软刺裸裂尻鱼（*Schizopygopsis malacanthus chengi*），它们以着生藻类为食，适应性较强，分布范围较广，占本区鱼类总种数的 42.86%。

③ 洞缝隙中生活的类群：主要有红尾副鳅和细尾高原鳅（*Triplophysa stenura*），占该区鱼类总种数的 28.57%。它们主要生活在流水急流水底的洞缝隙中，白天多隐蔽和活动在砾石、卵石等物体间的洞缝隙中，夜间到外面活动，一有惊扰就藏入洞隙中。

4.3.1.5 景区现状及规划建设情况

泸定海螺沟旅游区位于四川省甘孜藏族自治州东部和雅安市接壤地带，地跨甘孜州康定县、泸定县、道孚县及雅安市石棉县，介于东经 101°00′20″～102°13′51″，北纬 28°56′55″～30°25′35″。

（1）景区存在的环境问题

目前，海螺沟景区设施较为完善，但是其他景区大多采取自助的方式开展旅游活动，如徒步游、自驾游等，随意进入景区的支沟和景点，使区内植被和生物多样性受到了较大的人为干扰。由于保护区管理人员有限，游人进入支沟和景点后，存在着践踏和毁坏植被、露营、烧柴取暖、乱丢垃圾等现象；个别景点由于邻近缓冲区，还存在游人进入缓冲区的现象，这不仅影响了保护区内动植物生存，而且可能给游人自身安全带来隐患。

（2）风景区基础设施规划、建设情况

① 给水规划。

海螺沟接待区：本区磨西镇现已建有供水量 5 000 t/d 的自来水厂和输水管网。海螺沟旅游区各营地有充沛的优质山泉水源，可就地取用。

木格措接待区：以木格措湖泊水作为接待区生活水水源，供水站按远期规模设计，供水规模为 2 000 m^3/d。

田湾接待区：接待区位于大渡河支流附近，规划供水站规模 900 m^3/d。

② 排水工程规划。

由于贡嘎山风景名胜区地处高原地带，冬季寒冷，为保证污水的生化处理系统正常运行，规划风景区内各接待区生活污水采用成套污水处理设施作地下式处理，不仅有利于景观不占用地，而且可以保持污水温度以利于生化处理系统正常运行。

海螺沟：海螺沟接待区污水处理设施在海螺沟和燕子沟下游各设一个，处理规模分别为 1 000 m^3/d、400 m^3/d。

木格措：处理规模为 1 800 m^3/d。

田湾：在磨房沟下游设一规模为 750 m^3/d 的污水处理站。

③ 公厕设施及粪便污水处理。

景区应依附于集中给排水系统，设水冲式公厕；景区粪便污水进入污水管道系统，由污水处理站统一处理。在无给排水系统的休憩、观景点以及 1 小时游程内需设置一处公厕，公厕附近设化粪池，公厕应力求隐蔽，并于游道旁设醒目的指示标志。

4.3.2 稻城亚丁旅游区

4.3.2.1 植物区系

根据野外实地调查，结合该区域的历史资料，区内共有维管束植物 52 科、102 属、350 种。其中蕨类植物有 8 科、13 属、40 种；裸子植物有 3 科、8 属、14 种；被子植物有 42 科、83 属、296 种。整体而言，评价区虽然面积不大，但从卡斯沟口海拔 2 800 m 至俄初山顶 4 690 m 高程，相对高差大于 1 890 多 m；因此，各类群维管束植物科、属、种类较为丰富。

表 2-31　维管束植物科、属、种统计

类群		科		属		种	
		数量	比例/%	数量	比例/%	数量	比例/%
蕨类植物		8	15.38	13	12.75	40	11.43
种子植物	裸子植物	2	3.85	6	5.88	14	4.00
	被子植物	42	80.77	83	81.37	296	84.57
合计		52	100	102	100	350	100

4.3.2.2 旅游区重点保护植物及珍稀濒危植物

（1）国家Ⅰ级重点保护植物

玉龙蕨（*Sorolepidium glacile*），鳞毛蕨科玉龙蕨属。草本植物。生于海拔 4 000 m 的高山流石滩上、岩缝内或冰川以下地带。云南、西藏也有分布。

水韭属（所有种）（*Isoetes* spp.），水韭科（*Isoetaceae*）水韭属，属于蕨类植物。

（2）国家Ⅱ级重点保护植物

虫草（*Cordyceps sinensis*），真菌类（*Eumycophyta*）麦角菌科植物。冬虫夏草，生高山草甸，产于四川西部。

松茸（*Tricholoma matsutake*），口蘑科（*Tricholomataceae*）植物。

金铁锁（*Psammosilene tunicoides*），石竹科金铁锁属。多年生草本，茎平卧，根多单生，肥大。生于荒地或山坡，为民间草药。

桃儿七（*Sinopodophyllum emodi*），小檗科桃儿七属植物。多年生草本，植株高 30～50 cm，生于海拔 2 800～4 100 m 的山坡，林下广布。主要见于贡嘎冲古景一带的林下或坡地灌丛中，数量较多，当地老乡称为“八月瓜”，采来生食。

乡城南星（*Arisaema xiangchengense*），天南星科天南星属植物。多年生草本，高 40～60 cm。生于海拔 2 000～3 600 m 的荒坡岩缝间或路边。为我国特有。

扇蕨（*Neocheiropteris palmatopedata*），水龙骨科扇蕨属植物。植株高达 65 cm。叶远生，近低质。海拔 1 500～2 800 m。为我国特产的一种奇异的蕨类植物。在卡斯河谷内有大面积生长。

山莨菪（*Anisodus tanguticus*），茄科山莨菪属植物。多年生直立粗壮草本，高约 1 m。多生于海拔 2 500～4 500 m 林下或水沟边，亦有栽培，药用能镇痉和止痛。

4.3.2.3 动物资源

保护区在中国动物地理区划上属于东洋界西南区。保护区有脊椎动物 291 种。其中兽类 7 目、24 科、69 种，鸟类 12 目、39 科、197 种，爬行类 1 目、4 科、5 种，两栖动物 2 目、4 科、6 属、10 种，鱼类 1 目、2 科、10 种。

通过调查和访问，确认区内分布有脊椎动物 154 种，隶属 18 目、59 科。其中，鱼类 1 目、2 科、12 种，两栖类 1 目、4 科、8 种，爬行类 1 目、3 科、5 种，鸟类 8 目、30 科、94 种，兽类 7 目、20 科、35 种。

（1）鸟类

根据历史文献和现有调查记录，共确认本区鸟类 12 目、39 科、197 种。其中，非雀形目鸟类 70 种，雀形目鸟类 127 种，分别占总数的 35.5%和 64.5%。雀形目鸟类占优势。从居留型上看，本区有繁殖鸟 168 种，占 85.2%。其中留鸟有 117 种，占 59.4%；夏候鸟 51 种，占 25.9%。非繁殖鸟 31 种，占 15.7%。其中冬候鸟 5 种，占 2.5%；旅鸟 26 种，占 13.2%。保护区共有国家 I 级保护鸟类 6 种，为四川雉鹑（*Tetraophasis szechenyii*）、斑尾榛鸡（*Bonasa sewerzowi*）、金鵰（*Aqulia chrysaetos*）、玉带海鵰（*Haliaetus leucogaster*）、胡兀鹫（*Gypsaetus barbatus*）和黑颈鹤（*Grus nigricollis*）；国家 II 级保护鸟类 22 种，为鸢（*Milivus migrans*）、苍鹰（*Accipiter gentiles*）、雀鹰（*Accipiter nisus*）、大鵟（*Buteo hemilasius*）、普通鵟（*Buteo buteo*）、白尾鹞（*Circus cyaneus*）、草原鵰（*Aqulia rapax*）、秃鹫（*Aegypius monachus*）、高山兀鹫（*Gyps himalayensis*）、游隼（*Falco cherrug*）、灰背隼（*Falco columbarius*）、黄爪隼（*Falco naumanni*）、猎隼（*Falco cherrug*）、红隼（*Falco tinnunculus*）、藏雪鸡（*Tetraogallus tibetanus*）、血雉（*Ithaginis cruentus*）、白马鸡（*Crossoptilon crossoptilon*）、勺鸡（*Pucrasia macrolopha*）、雕鸮（*Bubo bubo*）、纵纹腹小鸮（*Athene noctua*）、长尾林鸮（*Strix uralesis*）和灰鹤（*Grus grus*），占四川省分布的国家 II 级保护鸟类的 28.9%。

（2）兽类

根据现有资料，保护区共有兽类69种，隶属7目、24科。

根据张荣祖（1999）对动物区系的划分，保护区兽类分布或主要分布于古北界的有30种，如狼（*Canis lupus*）、赤狐（*Vulpes vulpus*）、马熊（*Ursus arctos*）、猞猁（*Felis lynx*）等；分布或主要分布于东洋界的有36种，如中国鼩猬（*Neotetracus sinensis*）、藏酋猴（*Macaca thibetana*）、林麝（*Moschus berezovskii*）等；广布种有3种，如香鼬（*Mustela altaica*）、丛林猫（*Felis chaus*）等。

从分布型上看，保护区兽类共有10种分布型：

① 全北型5种，分别是狼、赤狐、马熊、猞猁、白臀鹿（*Cervus elaphus*）；

② 古北型9种，分别是根田鼠（*Microtus oeconomus*）、褐家鼠（*Rattus norvegicus*）、狍（*Capreolus capreolus*）、野猪（*Sus scrofa*）、黄鼬（*Mustela sibirica*）、水獭（*Lutra lutra*）、狗獾（*Meles meles*）、石貂（*Martes foina*）、马铁菊头蝠（*Rhinolophus ferrumequinum*）；

③ 东北—华北型1种，是大林姬鼠（*Apodemus peninsulae*）；

④ 中亚型1种，是兔狲（*Felis manul*）；

⑤ 高地型13种，分别是藏狐（*Vulpes ferrilata*）、雪豹（*Panthera uncia*）、马麝（*Moschus sifanicus*）、白唇鹿（*Cervus albirostris*）、藏原羚（*Procapra picticaudata*）、岩羊（*Pseudois nayaur*）、喜马拉雅旱獭（*Marmota himalayana*）、松田鼠（*Pitymys irene*）、四川林跳鼠（*Eozapus setchuanus*）、高原鼢鼠（*Myospalax baileyi*）、灰尾兔（*Lepus oiostolus*）、间颅鼠兔（*Ochotona cansus*）和狭颅鼠兔（*Ochotona thomasi*）；

⑥ 季风型2种，即黑熊（*Selenarctos thibetanus*）、斑羚（*Naemorhedus goral*）；

⑦ 南中国型7种，分别是中国鼩猬、藏酋猴、林麝、毛冠鹿（*Elaphodus cephalophus*）、珀氏长吻松鼠（*Dremomys pernyi*）、高山姬鼠（*Apodemus chevrieri*）、龙姬鼠（*Apodemus draco*）；

⑧ 东洋型16种，如大蹄蝠（*Hipposideros armiger*）、隐纹花鼠（*Tamiops swinhoei*）、猕猴（*Macaca mulatta*）、豺（*Cuon alpinus*）、青鼬（*Martes flavigula*）、猪獾（*Arctonyx collaris*）、小爪水獭（*Amblonyx cinereus*）、果子狸（*Paguma larvata*）等；

⑨ 喜马拉雅—横断山分布型11种，如羚牛（*Budorcas taxicolor*）、甘肃鼹（*Scapanulus oweni*）、云南鼩鼱（*Sorex excelsus*）、川鼩（*Blarinella quadraticauda*）、小长尾鼩（*Soriculus parva*）、史密斯长尾鼩（*Soriculus smithii*）、复齿鼯鼠（*Trogopterus xanthipes*）等；

⑩ 不易归类型，包括香鼬、丛林猫、豹（*Panthera pardus*）等。

保护区有国家Ⅰ级保护动物 6 种，分别是羚牛、白唇鹿、林麝、马麝、雪豹和豹；国家Ⅱ级保护动物有 20 种，包括小熊猫、猕猴、藏酋猴、豺、黑熊、马熊、青鼬、石貂、水獭、小爪水獭、兔狲、猞猁、丛林猫、金猫、水鹿、白臀鹿、藏原羚、鬣羚、斑羚、岩羊。我国特产或主要分布在我国的兽类有 30 种，约占全国特产或主要分布于国内的兽类总数的 21.1%，比例非常高。其中有 15 种是我国特产，包括小长尾鼩、史密斯长尾鼩、藏酋猴、林麝、马麝、白唇鹿、复齿鼯鼠、高山姬鼠、大耳姬鼠、川西白腹鼠、安氏白腹鼠、四川林跳鼠、高原鼢鼠、藏鼠兔、狭颅鼠兔；有 15 种是主要分布于中国的兽类，包括小熊猫、羚牛、川鼩、雪豹、毛冠鹿、藏原羚、岩羊、鬣羚、喜马拉雅旱獭、珀氏长吻松鼠、龙姬鼠、大林姬鼠、松田鼠、间颅鼠兔和灰尾兔。

（3）两栖类

保护区内共有两栖动物 2 目、4 科、6 属、10 种，即山溪鲵（*Batrachuperus pinchonii* David）、西藏山溪鲵（*Batrachuperus tibetanus* Schmidt）、乡城齿蟾（*Oreolalax xiangchengensis* Fei and Huang）、西藏齿突蟾（*Scutiger boulengeri* Bedriaga）、刺胸猫眼蟾（*Scutiger mammatus* Guenther）、胸腺猫眼蟾（*Scutiger glandulatus* Liu）、中华蟾蜍华西亚种（*Bufo gargarizans andrewsi* Schmidt）、西藏蟾蜍（*Bufo tibetanus* Zarevsky）、高原林蛙（*Rana kukunoris* Nikolsky）和四川湍蛙（*Amolops mantzorum* David）。

（4）爬行类

保护区内爬行类有 1 目、4 科、5 属、5 种，分别是草绿攀蜥（*Japalura flaviceps* Barbour and Dunn）、康定滑蜥（*Scincella potanini* Gunther）、斜鳞蛇（*Pseudoxenodon macrops* Blyth）、高原蝮（*Gloydius strauchi* Bedriaga）和乡城原矛头蝮（*Protobothrops xiangchengensis*）。

（5）鱼类资源

在旅游区河流中有鱼类 1 目、2 科、10 种，包括鲤形目鲤科的短须裂腹鱼（*Schizothorax wangchiachii*）、齐口裂腹鱼（*Schizothorax prenanti*）、四川裂腹鱼（*Schizothorax kozlovi*）、裸腹重唇鱼（*Diptychus kaznakovi*）、软刺裸裂尻鱼（*Schizopygopsis malacanthus*），鳅科的细尾高原鳅（*Triplophysa stenura*）、斯氏高原鳅（*Triplophysa stoliczkae*）、短尾高原鳅（*Triplophysa brevicauda*）。

按鱼类主要生活环境和生活水层的不同，本区鱼类可划分为下列生态类群：

① 流水急流水中下层类群：有齐口裂腹鱼、四川裂腹鱼、裸腹重唇鱼、厚唇裸重唇鱼、软刺裸裂尻鱼，它们以着生藻类为食，适应性较强，分布范围较广。

② 洞缝隙中生活的类群：主要有短尾高原鳅、斯氏高原鳅和细尾高原鳅，它们主要生活在流水急流水底的洞缝隙中，白天多隐蔽和活动在砾石、卵石等物体间的洞缝隙中，夜间到外面活动，一有惊扰就藏入洞隙中。

4.3.2.4 景区现状及规划建设情况

稻城亚丁旅游区距成都 910 km，距 318 国道仅 200 km。川藏公路、理塘至稻城、稻城至亚丁的公路基本改造完成，其外部交通条件已经得到了较大程度的改善，从成都朝发夕至仅需 1 天的车程便可抵达景区。

（1）景区现状

① 交通落后，运输方式单一，仅靠公路这一种现代化运输方式。景区内仍存在以畜力马、骡子代步与运输的状况，进出难、“旅长游短”、景区内滞留时间过长等问题仍十分突出。

② 公路数量小、密度小、盘山公路多，路况普遍较差、质量等级低与快速发展的旅游业之间的矛盾还将在一定时间内困扰景区。

③ 景区范围大、景点分散，马道超负荷运行，且马道和步行道不分，雨天泥泞、马粪既影响景区形象，又不利于步行者游览。

④ 由于建设经费不足，保护区基础设施建设十分滞后，管理、办公、生活及配套设施缺乏，设备陈旧，不能满足保护区基本保护与管理工作的需要。同时，在旅游接待、水、电、通信等设施上也比较落后，制约了旅游业的快速发展，影响了保护区的可持续发展计划。

⑤ 社区居民的传统生活方式对保护存在威胁，如过度放牧、挖药、伐木为薪、采石建房、偷猎、林副产品采集、不安全用火等。

（2）旅游区规划建设内容

① 管理局办公用房建设，占地 10 亩，房建用房 1 500 m^2。

② 卡斯保护站：占地 2 亩，新建办公综合用房 300 m^2 及配套工程。

③ 亚丁保护站：改建办公综合用房 1 089 m^2 及配套工程。

④ 麻格通保护站：占地 2 亩，新建办公综合用房 500 m^2 及配套工程。

⑤ 巡山道和防火步道的建设，垃圾处理场 2 处，污水处理场 2 处。

4.4 生态功能分区

根据四川省人民政府川府函[2006]100 号文批复同意的《四川省生态功能区划》，将全省生态功能区划分为 3 个等级，从宏观上按照自然气候、地理特点划分一级区，即自然生态区，共 4 个；再根据生态系统类型与生态系统服务功能类型划分二级区，即生态亚区，共13个；最后根据生态服务功能重要性、生态环境敏感性与生态环境问题划分三级区，即生态功能区，共36个。甘孜州幅员辽阔，分属于川西南山地亚热带半湿润气候生态区、川西高山高原亚热带—温带—寒温带生态区、川西北高原江河源区寒温带—亚寒带生态区。

4.5 环境质量现状

4.5.1 环境质量

通过收集各规划景区已有监测数据分析，规划景区内地表水和地下水环境质量良好，各项指标均满足《地表水环境质量标准》（GB 3838—2002）和《地下水质量标准》（GB 14848—93）中相应标准要求。各规划景区环境空气质量良好，均达到《环境空气质量标准》（GB 3095—1996）中一级标准要求。

4.5.2 环境敏感目标

据调查，规划影响区域影响河段分布的环境敏感目标主要有自然保护区、风景名胜区、森林公园、文物保护单位和寺庙等。

（1）自然保护区

自20世纪80年代以来，陆续建成自然保护区42个，其中，国家级4个、省级16个、州级7个。

（2）风景名胜区

甘孜州现已建有风景名胜区4个，其中国家级1个、省级1个、州级1个、县级1个。

（3）森林公园和地质公园

甘孜州现有森林公园4个，其中国家级3个、省级2个；地质公园1个。

（4）集中式饮用水水源地

甘孜州下辖18个县，18个集中式饮用水水源地情况如表2-32所示。

表2-32 甘孜州集中式饮用水水源地

地点	饮用水源所处位置	水源地类型	水环境功能类别
九龙县	九龙县磨子沟、八家铺子沟	地表水	I类
雅江县	雅江县格西沟	地表水	I类
新龙县	新龙县甲拉西沟	地表水	I类
乡城县	乡城县冷龙沟	地表水	I类
石渠县	石渠县尼嘎镇德吉西街（井水）	地下水	III类

地点	饮用水源所处位置	水源地类型	水环境功能类别
色达县	色达县色拉沟	地表水	Ⅰ类
炉霍县	炉霍县尖尖山沟	地表水	Ⅰ类
泸定县	泸定县羊圈沟	地表水	Ⅱ类
理塘县	理塘县夺曲河	地表水	Ⅰ类
康定县	康定县任家沟	地表水	Ⅰ类
甘孜县	甘孜县绒巴岔沟	地表水	Ⅰ类
德格县	德格县欧普龙沟	地表水	Ⅰ类
得荣县	得荣县冻谷沟	地表水	Ⅰ类
稻城县	稻城县贡巴沟	地表水	Ⅰ类
道孚县	道孚县道孚沟	地表水	Ⅰ类
丹巴县	丹巴县大马山沟	地表水	Ⅰ类
白玉县	白玉县磨房沟	地表水	Ⅰ类
巴塘县	巴塘县巴久曲河	地表水	Ⅰ类

（5）文物古迹

在甘孜州境内，现已发现十余处古遗迹和古墓，有文物古迹 53 处。其中国家级 2 个、省级 4 个、州级 47 个。

4.6 环境发展趋势分析

4.6.1 社会经济

甘孜州是一个以农牧业为主的少数民族州，工业基础十分薄弱，结构单一，随着招商引资，目前甘孜州生态能源、优势矿产、生态旅游三大支柱产业发展势头良好，“四矿一基地”（“四矿”指白玉呷村银多金属矿、康定甲基卡锂辉矿、巴塘夏塞银矿和丹巴铂镍矿；“一基地”即康定—泸定地区工业硅基地）建设进展顺利，但州内经济总量小、实力弱、横向差距大的状况在较短的时间内还不能改变，经济处于低水平上的较快增长。

4.6.2 生态环境

甘孜州位于青藏高原东南缘，生态多样性较丰富。藏民族文化客观上对甘孜州生态环境保护起了积极作用，甘孜州生态环境总体较好，但随着人口的迅速增长与人类活动的加剧，特别是不合理的资源开发利用，甘孜州生物多样性受到了严重的威胁。

近年来，随着甘孜州“天保工程”和退耕还林、还草等政策的实施，部分区域森林等植被逐步得到恢复，流域生态环境和水土保持状况得到一定程度的改善。

4.6.3　环境质量

由于甘孜州工业发展较落后，区域内人口密度较小，区域的大气环境、地表水环境、地下水环境等质量良好。随着甘孜州地方经济的发展，特别是州内水电资源的开发、旅游资源的开发以及矿产资源的逐步开发利用，甘孜州局部地区的污染负荷将会增大；但随着城镇的发展，相应城市污水处理站、垃圾处理场等环保基础设施将逐步建成，重点城镇区域环境质量总体上将趋于改善。

4.7　环境制约因素分析

4.7.1　地表水环境

甘孜州内金沙江、雅砻江、大渡河及其支流均属长江上游水源地，地表水环境现状良好，地表水多为Ⅲ类以上水域功能区，旅游资源的开发将导致旅游人数增加进而引起污染物排放量（尤其是生活污水、生活垃圾）的增加，其开发利用将受到相应环境功能区划管理要求及景区环境容量的制约，根据“四川省河流功能分类”，其规划旅游区与地表水水域功能的关系见表 2-33。

表 2-33　规划旅游区与地表水水域功能的关系

景区	可能涉及的地表水及其功能
康定旅游区	Ⅲ类
泸定海螺沟旅游区	Ⅱ类、Ⅲ类（自然保护区、风景名胜区以外）
丹巴旅游区	Ⅱ类、Ⅲ类（章谷镇三岔河以下段）
亚拉旅游区	Ⅲ类
九龙伍须海旅游区	Ⅱ类
稻城亚丁旅游区	Ⅱ类
理塘格聂山旅游区	Ⅱ类
巴塘措普沟景区	Ⅱ类
格西沟帕姆岭旅游区	Ⅱ类
德格新路海旅游区	Ⅱ类

4.7.2　环境敏感区域

甘孜州地处青藏高原东南缘，州内有 42 个自然保护区、18 个集中式饮用水水源地、4 个森林公园、4 个风景名胜区、1 个地质公园，旅游景点多数位于上述环境敏感区域内或周边（与其的关系详见 2.4），旅游开发利用在一定程度上将受到各区域相关保护要求的限制。规划旅游区与环境敏感区的关系见表 2-34。

表 2-34 规划景区与环境敏感区域的关系

规划景区	涉及的自然保护区及区位关系	涉及的风景名胜区及区位关系	其他
康定旅游区	贡嘎山自然保护区实验区、四川金汤孔玉自然保护区	贡嘎山风景名胜区Ⅲ级、外围保护带	四川荷花海森林公园
泸定海螺沟旅游区	贡嘎山自然保护区实验区	贡嘎山风景名胜区Ⅱ、Ⅲ级及外围保护区	泸定海螺沟森林公园、海螺沟国家地质公园
丹巴旅游区	莫斯卡省级自然保护区、莫尔多山自然保护区、党岭自然保护区		
亚拉旅游区			
九龙伍须海旅游区	四川省洪坝自然保护区、	贡嘎山风景名胜区Ⅱ、Ⅲ级保护区	
稻城亚丁旅游区	亚丁国家级自然保护区的实验区、海子山国家级自然保护区实验区	稻城亚丁风景名胜区Ⅱ、Ⅲ级保护区	
理塘格聂山旅游区	海子山国家级自然保护区		
巴塘措普沟景区	措普沟自然保护区		四川措普沟森林公园
格西沟帕姆岭旅游区			雅江庆达沟森林公园
德格新路海旅游区	四川新路海自然保护区、阿木拉野生动物自然保护区		

注：目前除稻城亚丁旅游区、泸定海螺沟旅游区总体规划已编制完成外，其余景区尚无总体规划，现阶段无法确定各个旅游区与所在地自然保护区、风景名胜区等的具体区位关系。

4.7.3 民族文化及宗教

甘孜州共有藏传佛教寺庙 515 座，僧尼 4 万余人（约占总人口的 5%）。藏传佛教寺庙保存了丰富的宗教文化内涵，特别是目前在世界范围内引人注目的藏传佛教密宗文化，在萨迦、噶举、宁玛派寺庙中保存得较为完整。同时每个藏族部落、村寨都有自己的神山、神树、神石、神湖，区域旅游资源的开发一方面需利用当地藏民族宗教文化；另一方面也需与当地风俗习惯、宗教信仰相协调。

4.7.4 相关开发建设

甘孜州大部分景区都紧邻或位于甘孜州矿区范围内（如理塘—格聂山旅游区、巴塘—措木沟旅游区、格西沟—帕姆岭旅游区、德格—新路海旅游区），同时也位于水力资源丰富的区域（如九龙—伍须海旅游区、丹巴旅游区、泸定—海螺沟旅游区），其矿产、水电资源的开发可能制约或影响景区的开发建设。

5 环境影响识别及评价指标体系

5.1 规划活动内容

根据甘孜州旅游开发总体规划，规划主要涉及的项目建设活动包括：

（1）景区开发建设；

（2）各景区配套交通道路建设；

（3）各景区景点旅游接待设施建设；

（4）配套供电和给水设施建设；

（5）相关医疗卫生与废污处理设施建设。

除各项目建设活动外，规划实施后，甘孜州旅游人数在不同水平年均有较大幅度的增长，随之将带来交通运输、餐饮、娱乐等相关旅游活动强度的增大。

5.2 环境影响因素识别

经初步分析，甘孜州旅游发展总体规划的实施可以促进地区旅游业的发展，并带动相关产业，符合甘孜州国民经济发展的总体规划，但旅游业的发展也可能造成一些不利的环境影响，主要表现在以下几个方面：

（1）游客数量增加：随着旅游业的发展，游客数量大量增加将带来一系列相应的环境问题，如果游客数量超过旅游环境承载力，其不利影响更为显著。主要环境影响包括固体废物、生活污水等对环境质量的影响，植被破坏以及对野生动物栖息地的干扰、对人群健康的影响等。

（2）景区景点建设运营：相关的项目建设地点多集中于环境敏感的风景名胜区、自然保护区附近，其建设和运营期间均可能产生一些不利的环境影响，主要为植被破坏、生物多样性减少、新增水土流失以及各类排污造成项目周边敏感区域环境质量的下降。

（3）配套设施建设运营：包括各景区景点交通、能源、供水、医疗保障、固体废物及污水处理等必要的后勤配套项目，主要环境影响包括植被破坏、生物多样性减少、新增水土流失、固体废物和废污水污染，同时也可能造成空气环境和声环境质量降低。

（4）各项旅游活动的强度增强和范围增大：包括旅游车辆的运行、游客的野营野炊，相关餐饮、娱乐业的发展等，主要环境影响为水环境、空气环境和声环境质量的下降，同时也易造成固体废物污染。

5.3 评价因子筛选

根据旅游发展规划的特点和环境影响识别，结合规划涉及地区的环境功能及各环境因子的重要性、可能受影响的程度、累积性、长期性、可逆性等，采用矩阵法从环境要素和旅游发展的环境影响源两方面进行评价因子的筛选，详见表 2-35。

表 2-35 环境影响评价因子筛选

环境要素	环境因子	影响源			
		游客数量增加	景区景点建设运营	配套设施建设运营	旅游活动增加
生态环境	珍稀动植物		1R	1R	1R
	生物多样性	1R	2L	2L	2R
	植被覆盖率		3L	2L	1R
	森林覆盖率		1L	1L	
	景观生态体系		1L	1L	1R
自然环境	地表水环境	2R	2L	2L	2R
	环境空气	1R	1L	2L	1R
	声环境	1R	1L	2L	2R
	自然景观	2R	2L	2L	1R
	水土流失		3R	2R	
社会环境	社会安定	1L			2L
	国民经济	2R	3L	2L	2R
	民俗宗教	2L	1L	1L	2L
	文物古迹	1L			1L
	土地利用		1L	1L	1R
	人群健康	2R			1R

注：① 1、2、3 分别表示影响程度为小、中、大；

② R、L 分别表示影响类型为可逆和不可逆影响。

由因子筛选表可以看出，甘孜州旅游发展总体规划对涉及区域的生态环境、自然环境和社会环境均会产生一定影响。游客和旅游活动对各环境因子的影响一般具有可逆性，采取一定措施可得到减免和消除，各项旅游景区景点及相关配套设施在建设期的影响也多具有可逆性和暂时性，但其运营期的影响则多为不可逆的长期影响。

根据因子筛选结果，本规划的环境影响评价以生态环境中的生物多样性、植被覆盖率，自然环境中的新增水土流失影响以及社会环境中国民经济、民俗宗教的影响为主要评价内容。其余各因子为一般评价内容。

5.4　评价指标体系

根据《甘孜州旅游发展总体规划》的主要规划目标和内容，旅游规划所涉及区域的环境状况初步分析结果及旅游开发活动环境影响的特点，在环境影响因素识别、评价因子筛选的基础上，结合本规划环保目标，建立本规划环境影响评价指标体系及生物多样性评价指标体系，详见表 2-36 和表 2-37。

表 2-36　环境影响评价指标体系

指标分类	环境保护目标	评价指标	重要性等级
社会经济环境指标	发展社会经济、保护当地民族文化、宗教信仰	社会安定指标	III
		国民经济发展指标	I
		民俗宗教	I
		文物古迹	II
		土地利用	III
		人群健康	III
生态环境指标	保护旅游规划涉及区域陆生、水生生物多样性，保护现有栖息地及景观生态体系的完整性	珍稀动植物种数	II
		生物多样性	I
		植被覆盖率	I
		森林覆盖率	II
		景观生态体系	I
自然环境指标	各项环境功能满足区域环境相关要求、保护原有自然景观、减免新增水土流失	地表水环境质量	II
		空气环境质量	III
		声环境质量	III
		自然景观指标	II
		新增水土流失强度	I

指标分类	环境保护目标	评价指标	重要性等级
旅游项目建设环境影响指标	尽可能减免和补偿旅游规划涉及的相关建设项目对当地环境的不利影响	旅游服务设施、景区景点建设对地表水环境的影响	II
		旅游服务设施、景区景点建设对环境空气的影响	III
		旅游服务设施、景区景点建设及旅游道路建设的新增水土流失	II
		旅游依托地建设的环境影响	III
		旅游服务设施、景区景点建设对景观的影响	III
可持续性指标	甘孜州旅游开发的可持续发展	社会环境承载力	III
		旅游资源空间承载力	II
		旅游生态环境承载力	I
		基础设施支撑能力	III
风险指标	适当关注旅游开发中可能存在的各项风险，并提出相关应急预案的要求	滑坡、泥石流、洪水等自然灾害风险	II
		外来物种侵入影响	III

注：重要性等级分“I、II、III”三级，分别表示“重要、次重要、一般”。

表 2-37 生物多样性评价指标体系

指标分类		评价指标	评价方法	备注
景观结构完整性	现状评价	景观构成要素：基质、廊道、斑块是否完整或缺失状况	绘制全州范围较大尺度的拼块图，进行优势度统计分析和计算	
		现状水平年景观片段化、边缘化程度	以优势度计算结果和现状调查成果为基础，进行定性分析	
		重要生态系统或物种对景观结构完整性要求	定性分析	
	预测评价	景观构成要素的变化情况	叠图法，并对关键区域进行较详细的局部分析	
		旅游开发是否会造成自然生物群落发生断裂和隔离	调查关键种、重要种的栖息地与生境，与旅游开发重点区域及重要旅游交通干线涉及区域进行对比分析，确定是否影响，并定性分析影响程度	

指标分类		评价指标	评价方法	备注
景观类型多样性	现状评价	森林、灌丛、草地、水体/湿地、农地、工矿城镇等拼块的多样性程度	成图后定量分析	
景观类型多样性	现状评价	各景观类型拼块空间分布格局与相关关系的自然性与合理性特征	结合生态环境现场调查成果定性分析	
景观类型多样性	预测评价	项目开发将引起拼块多样性的变化	以单个旅游开发区为尺度进行全州范围成图	
景观类型多样性	预测评价	某一景观类型缺失可能对另外的景观造成的影响	生态机理分析	
景观功能稳定性	现状评价	景观功能分析	定性分析各景观拼块的当地或区域性功能、各拼块功能的相互关系及森林、湿地等重要拼块对生态系统、重要物种的功能	
景观功能稳定性	现状评价	生物群落，栖息地类型面积、组成比例及合理性	统计分析	
景观功能稳定性	现状评价	国内特有或地区特有的生态系统类型或生物群落	结合现场调查结果进行统计分析	
景观功能稳定性	现状评价	生态系统类型的多样化程度	统计分析，定性为主	
景观功能稳定性	现状评价	不同生态系统类型的空间分布格局	统计分析，定性为主	
景观功能稳定性	现状评价	生态系统多样性的结构特征指标	统计分析，定性为主	
景观功能稳定性	现状评价	生态系统结构的复杂程度和完整性	统计分析，定性为主	
景观功能稳定性	现状评价	生态系统的脆弱性和敏感性分析	统计分析，定性为主	
景观功能稳定性	现状评价	生态系统承受外界干扰的阈值	视资料与现场调查情况尽量定量化	
景观功能稳定性	预测评价	项目开发造成生态系统结构因子的变化	定性分析	
景观功能稳定性	预测评价	植被类型/生物群落的变化	定性分析	
景观功能稳定性	预测评价	森林、湿地等关键区域受影响程度	定性分析	
景观功能稳定性	预测评价	项目开发将影响或占据的面积占原有栖息地/生境类型的百分比	成图后定量计算	

指标分类		评价指标	评价方法	备注
生态系统多样性	现状评价	不同生态系统对维持本地区生态环境稳定的功能特征	定性分析	
		生态系统或生物群落与所在地区自然地理环境之间的关系		
	预测评价	开发项目对系统间的关系可能造成的影响	在统计分析与成图基础上的生态机理分析，得出定性分析结论	
		开发项目是否导致生态系统功能改变；变化的方式和途径；改变后可能对生态环境造成的潜在影响；是否导致关键栖息地的改变或丧失；是否导致物种组成的变化和食物链的改变		
物种/种群组成与分布	现状评价	分布方式、丰富度、集中度、特有度和特有率	统计分析	
	预测评价	代表性物种或典型生物群落标志性物种及其受影响程度	统计分析后以图、表方式表达	
		珍稀濒危脆弱物种及其受影响程度		
		受威胁物种保护级别		
物种/种群结构	现状评价	关键种或重要物种	以濒危/保护级别和类别、生态功能及其在生物多样性方面的重要性综合确定	
		关键物种对栖息地和生境条件的要求	通过现有资料分析	
	预测评价	关键种或重要物种种群结构特征、主要环境因素，开发项目对这些环境因素的影响程度	定性分析	
		关键种对区域生物多样性的主要功能，开发项目对这些功能的影响程度		
物种/种群功能	预测评价	物种、种群功能的变化	数据统计分析为基础，对变化程度进行定量分析并定性分析对区域生物多样性、生态系统结构功能与稳定性的影响	
		物种、种群在种类和数量上的变化		
		种间关系或食物链的变化		
		外来生物入侵、森林病虫害、森林火险等级变化等方面的风险	定性分析	

6　甘孜州典型景区生态环境影响分析

由于旅游开发所涉及的开发区域、相关建设项目及运营期的各项旅游活动均具有旅游业的独特性，由旅游开发所带来的环境影响也随之具备自己的特点。具体到甘孜州旅游开发，其环境影响的特点主要表现在以下两方面：

（1）甘孜州旅游景区一般位于自然景观优美、人文景观独特、生物多样性相对丰富的地区，其涉及区域与目前已设立的自然保护区、风景名胜区多有重合。旅游开发与自然保护区、风景名胜区建设既有协调统一的一面，也有出现相互干扰影响的可能。由于各景区的建设和运营会对自然保护区、风景名胜区、珍稀保护野生动植物及生物多样性等敏感区域和敏感因素造成一定的影响，在环境影响评价中需加以特别的关注。

（2）旅游景区范围较大，但旅游设施建设与游览活动实际涉及的区域则相对较小，一般局限在各主要接待点及连接各景点的各类旅游路线附近。旅游开发对当地生态环境和生物多样性的影响程度与旅游开发规划中的主要接待点、旅游线路布局、旅游活动项目、游客规模等相关设置的合理性密切相关。

根据环境影响识别结果，旅游业作为一种绿色产业，相关开发在建设期和运营期的排污量均较小，对环境的影响主要集中在生态影响方面。本项目主要采取旅游环境承载力分析与生物多样性影响分析的方法进行生态影响评价。为获得在甘孜州各旅游片区和景区等较大尺度评价中上述分析方法的判别标准和参数取值，结合甘孜州旅游开发现状及其环境影响特点，选取本规划设置的 9 个自然生态风景名胜旅游区中贡嘎山—海螺沟自然生态区的燕子沟景区和稻城—亚丁自然生态区的稻城亚丁景区作为典型旅游区进行旅游开发生态环境影响分析。

6.1　燕子沟景区

燕子沟景区是甘孜州旅游发展总体规划中贡嘎山—海螺沟自然生态区的一部分，位于贡嘎山主山体东坡，泸定县西部，景区面积 593 km^2。贡嘎山—海螺沟自然生态区的自然生态概况、生物多样性概况详见本书实践篇第 4.2.4 节和第 4.3.1 节。

燕子沟景区所在的贡嘎山—海螺沟自然生态区位于甘孜州东部，交通便利、各项基础设施条件较好，是甘孜州旅游规划中开发较早、开发项目齐全、发展较为成熟的旅游区。燕子沟景区毗邻区内最早开发的海螺沟景区，是海螺沟冰川公园的组成部分之一。燕子沟景区开发可能造成的环境影响在甘孜州各旅游区内具有代表性。首先，景区基本位于贡嘎山国家级自然保护区实验区范围内，在景区规划与开发中必须注重与自然保护区建设的协调；其次，景区开发环境影响集中在景区建设与旅游活动对景区生态环境与生物多样性的影响方面。

将燕子沟景区作为典型景区进行生态环境影响分析的目的是：通过典型景区开发对各生态环境因子影响的具体分析，掌握甘孜州一般旅游景区开发生态环境影响的途径、范围与程度。分析景区开发对区域景观生态体系的影响，为在甘孜州范围内进行景观生态体系的变化分析，进而评价旅游开发对生物多样性的影响程度提供依据。

6.1.1 景区规划概况

6.1.1.1 规划目标

燕子沟景区建设规划期限近期为 2006—2010 年，远期为 2011—2020 年。景区规划目标是在保护生态环境的基础上，合理扩大旅游区环境容量。近期建设的任务是完善景区重要景点的风景游赏设施配备；远期建设是要进一步完善配套设施和保护培育工作，把景区建设成为景观风貌突出、设施配套完善的贡嘎东坡的旅游接待服务中心和度假胜地。

6.1.1.2 景区开发建设项目

燕子沟景区开发包括四大部分，分别为燕子沟、雅家埂沟、黑沟和小河子沟。其基础设施建设主要包括：景区服务部，游人中心及旅游村建设，给排水、道路等基础设施建设项目等，详见表 2-38。

6.1.1.3 景区旅游线路规划

（1）燕子沟自然生态游览区交通组织分为四大段：

第一段：磨西—新兴旅游镇——燕子沟游览区交通转换站，8 km，三重四级公路，自驾车和旅游中巴车；

第二段：燕子沟游览区交通转换站——天药水坪，12 km，三重四级公路，景区观光车；

第三段：天药水坪——西草坪，7 km，景区观光车；

第四段：西草坪——主峰北观景点（登山大本营），徒步或骑马。

表 2-38　燕子沟景区旅游总体规划项目

编号	项目名称	项目名称	内容	建设地点	与保护区关系
1	燕子沟	景群大门	共两处：一处在药王庙，为燕子沟景区入口标志；另一处在天药水坪，是售票房和景区主入口	药王庙、天药水坪	实验区
2		游人接待中心	共两处：一处在燕子沟林管站，包括售票处及办公用房；一处建于天药水坪，是满足游客的接待服务、导游、咨询等内容的场所，包括售票和管理用房	燕子沟林管站、天药水坪	
3		观景亭	沿燕子沟沟口至燕子沟冰川西侧的主峰北观景点游览步道沿途设置	燕子沟口沿途设置	
4		观景台	沿燕子沟沟口至燕子沟冰川西侧的主峰北观景点游览步道沿途设置	燕子沟口沿途设置	
5		标示牌	大标示牌 12 个、中标示牌 85 个、小标示牌 205 个	燕子沟口沿途设置	
6		垃圾箱	在景区内各景点及步游道沿线设垃圾箱	燕子沟口沿途设置	
7		服务部	在景区内的燕子沟口、药王庙、主峰观景台和水打湾坪各设服务部 1 座，共计 4 座	燕子沟口、药王庙、主峰观景台和水打湾坪	
8		野营点	设置于景区城墙岩，内设服务部 1 座	城墙岩	
9		道路工程	① 燕子沟沟口至天药水坪，路面宽度 8 m，沥青路面。总长 12 km，已有 9 km 沥青路面，新修复 3 km ② 天药水坪至主峰北观景台长约 30 km 碎石路面，路面宽度 4 m ③ 西草坪等地共计 2 km 的木栈道新建工程		实验区，沟口部分不在保护区内
10		天药水坪旅游村	为集中式酒店和独立别墅式酒店，300 个床位	天药水坪	实验区
11	雅家埂沟	景群售票服务中心	在猪腰子海道路入口与榆磨路之间，为猪腰子海景点提供售票管理及咨询服务	猪腰子海	实验区
12		观景亭	在游览步道沿途设置，共 4 个	雅家埂沟	
13		观景台	在游览步道沿途设置，共 6 个	雅家埂沟	
14		标示牌	大标示牌 5 个、中标示牌 6 个、小标示牌 9 个	雅家埂沟	
15		垃圾箱	在景区内各景点及步游道沿线设垃圾箱	雅家埂沟	
16		服务部	在售票服务中心设服务部 1 座		
17		道路工程	新建售票服务中心至各景点共计 10 km 的步游道，2 km 的木栈道	雅家埂沟	
18		猪腰子海旅游村	为集中式酒店，300 个床位	猪腰子海	
19	黑沟	户外运动区集散中心	户外运动区的服务中心，并包括管理和办公场所，提供租赁、餐饮、办公等多种功能	大木杆沟	
20		戏雪场	冬季提供戏雪活动，其他季节提供滑草等活动	黑沟、大木杆沟	
21		户外运动基地	包括多种户外运动项目场所，包括攀岩活动、溯溪、定向越野、野外生存训练、拓展培训等	大木杆沟	
22		黑沟旅游村	为集中式酒店和独立别墅式酒店，500 个床位	黑沟	
23 24	小河子沟	小河子沟旅游村	为集中式酒店和独立别墅式酒店，500 个床位	小河子沟	

（2）雅家埂自然生态游览区交通组织分为三大段：

第一段：磨西—新兴旅游镇——小河子沟旅游村，18 km，三重四级公路，景区观光车；

第二段：小河子沟旅游村——黑沟旅游村，4 km，三重四级公路，景区观光车；

第三段：黑沟旅游村——猪腰子海子旅游村，三重四级公路，景区观光车。

上述景区规划项目位置参见附图 1。

6.1.2 景区与贡嘎山国家级自然保护区关系

四川贡嘎山国家级自然保护区位于青藏高原东缘与四川盆地的过渡地带，行政区划上属于甘孜藏族自治州的泸定县、康定县、九龙县和雅安市的石棉县。燕子沟景区绝大部分规划建设项目位于贡嘎山国家级自然保护区实验区范围内，未涉及保护区核心区和缓冲区。

根据《四川贡嘎山国家级自然保护区总体规划》，实验区是保护区居民的主要生活、生产区，也是保护区旅游开发的主要经营区域。区内人为活动相对较频繁，在保护环境的前提下，区内可从事科学实验、教学实习、生态旅游开发、野生动植物繁殖驯化及其他有价值资源的开发利用等活动，但保护区管理部门应加强管理。

保护区总体规划的生态旅游规划中提出："规划在贡嘎山国家级自然保护区中划分六处生态旅游区域（即生态旅游景段、景点），分别为海螺沟生态旅游景段、燕子沟生态旅游景段、人中海生态旅游景点、莲花山生态旅游景点、雅家埂生态旅游景点、榆林温泉生态旅游景点。燕子沟景区即包括上述的燕子沟生态旅游景段和雅家埂生态旅游景点两个区域。

景区规划总体上符合《四川贡嘎山国家级自然保护区总体规划》对旅游开发区域的要求，保护区总规中对旅游开发项目设置和接待规模均提出了具体的要求，景区规划需与之协调一致。

6.1.3 景区规划生态环境影响分析

6.1.3.1 对植被的影响

景区建设项目大致可分为三类，占地面积较大的项目包括旅游村、野营点、滑雪场等；占地面积较小的项目包括景区景群大门、游人接待中心、观景亭、观景台、服务部等；线性工程包括环保车道、步游道、木栈道等。

旅游村、滑雪场等项目对区内植被影响相对较大，建设项目涉及区域内进行的场地平整、建筑修建时需砍伐或清除较大面积的天然植被等。燕子沟景区开发的规划和实施过程中，对此类影响主要采取谨慎选址和控制建设规模的方式加以规避和减免。如原规划设置在猪腰子海处的旅游接待村因占用部分林地，对植被影响较大，后调整至公路侧旁的荒草地，并缩减接待人数。景区大门、观景台等项目对植被影响较小，主要考虑建筑与周边环境的协调性。道路等线性工程中，通车道路对植被影响较大，一般不考虑新建，而是在原有道路路基基础上改建；旅游步道及木栈道穿越生境包括灌草丛、针叶林和针阔混交林等，建设中如需进行植被砍伐，则主要影响到少量岷江冷杉和栎叶杜鹃类群。应合理设计步道线路，注意避开区内保护植物的集中分布点，并尽量避免或减少对植被的砍伐。

旅游活动对植被的影响程度取决于旅游活动项目的设置、旅游道路的走向和景区配套管理措施的有效性。在海子沟景区旅游规划中，黑沟景区的大木杆沟旅游活动原规划中包括攀岩活动、溯溪、定向越野、野外生存训练、拓展培训等户外运动项目。由于在距该区域较近的较高海拔区域有红豆杉、四川红杉和羚牛、林麝等国家重点保护动植物分布，如果实施此类项目，游客活动区域将向高海拔区域延伸，同时人为活动通过攀岩可进入贡嘎山自然保护区更深处而接近缓冲区，对植被和生物多样性保护工作带来不利影响，故取消了该区域的多种户外运动项目规划。

6.1.3.2　对珍稀保护植物的影响

景区规划项目中旅游村、滑雪场等占地较大的项目在选址中均重点考虑避让了珍稀保护植物分布区。在调查中发现部分旅游道路两侧有一些较零星分布的红豆杉、水青树、四川红杉等保护植物，工程施工可能会对这些国家重点保护植物造成直接或间接的破坏。为避免道路施工及后期游人活动对其造成较大影响，项目环评中需具体核实并制定移栽或挂牌保护等具体的保护措施。

6.1.3.3　对脊椎动物物种多样性的影响

由于两栖动物的迁移能力较弱，受到的影响相对较大。开挖、爆破将永久性地破坏或临时占据两栖动物的栖息地；生产生活污水及固体废弃物如果处理不善，可能污染水源，使两栖动物的生存和繁殖受到一定的影响。景区内部分小溪或河流中有西藏山溪鲵和四川湍蛙分布，距离施工场地较近，应加强管理，避免施工期间对其造成破坏。

对爬行动物的影响主要来源于在施工和运营中对其栖息地的占用及施工噪声，导致爬行动物栖息空间减少。但总的来说影响不大。

工程施工和景区运营的主要影响是景区建设占地减少了鸟类活动场所；旅游观光活动带来的人为干扰，使林区的鸟类往沟内深处或山上迁徙。但由于鸟类的活动能力很强，因此景区建设对鸟类的影响有限。

除小型兽类如啮齿动物外，野猪、豹猫、毛冠鹿、猪獾等大中型兽类对人类干扰反应敏感，易受人类活动影响。人类的频繁活动以及施工产生的噪声会降低兽类在此区域活动的频率。对兽类的保护主要应从建设项目选址着手，尽可能减少对兽类栖息地的干扰和破坏。

6.1.3.4 对珍稀保护动物的影响

经调查和访问确认，在部分拟建项目附近区域偶有部分国家重点保护的兽类和鸟类活动，如鬣羚、黄喉貂、黑熊、红隼、白腹锦鸡、血雉等。但这些动物仅是偶尔到此活动，遇见率极低，因此施工和旅游活动不会对其造成大的影响。

项目建设可能破坏的珍稀保护动物栖息地主要为少量保护鸟类可能栖息的灌丛。经选址优化后，旅游开发破坏的灌丛数量在景区内只占极小的一部分比例，鸟类可以找到其他适于栖息的场所，总体上不会造成珍稀保护鸟类种群数量的变化。

6.1.3.5 对景观生态体系的影响

评价区内的生态系统类型可分为阔叶林、针叶林、灌丛、草甸、泥石滩植被、沼泽植被、裸岩等无植被区、城镇（含附近少量农田果园等）等几种主要类型。除城镇生态系统受人为干扰较大外，其他生态系统类型的稳定性较大，对立地环境的适应性高。大部分生态系统类型是由环境资源所决定，除非环境条件，例如水分、光照、热量等因子发生变化，一般不会发生大的消长波动。

燕子沟景区的森林生态系统，尤其是针叶林生态系统具有很高的动植物多样性和生产力，且景观优势度较高，因此具有较高的稳定性和动态调控能力。从评价区生态系统的结构特点可知，评价区生态环境质量是良好的，具有较强的抗干扰能力和受到干扰以后的恢复能力。

从前述的景区开发建设项目和旅游线路规划分析，旅游开发造成的景观生态体系的变化主要表现在两个方面。

首先，旅游村、接待中心等项目的建设，将主要占用原生态系统类型中的草地和灌丛，并在建设完成后转化为城镇类人工生态系统。此类变化的面积即为规划涉及的相关项目占地面积，其数量与整个景区相比一般所占比例很小。景区建设将增加景观生态体系中城镇拼块的数量，由于其面积很小，一般不会分割原有的其他拼块，因此不会使其他拼块的数量增加。

其次，旅游道路的建设有可能分割原有拼块，造成拼块连通性降低并增加拼块数量，但对于此类影响需根据道路类型进行具体分析。宽度较大的新建通车道路一般会对野生动物的迁徙与区域交流造成一定阻隔，可判定为增加原拼块数量；如作为原有道路改建时则并未发生变化。旅游步道与栈道在修建中如果注重与环境的协调性，其阻隔作用就相对轻微。

燕子沟景区规划中，建设项目占地面积不大，道路的建设则尽量在原有道路基础上改建，总体上景区建设对景观生态体系造成的变化程度很小，不会改变针叶林生态系统较高的景观优势度，因此景区规划实施后区域内仍具有较高的稳定性和动态调控能力。

6.2 稻城亚丁景区

稻城亚丁景区是甘孜州旅游发展总体规划中稻城—亚丁自然生态区的一部分，位于稻城县南部，景区面积约 670 km^2。稻城—亚丁自然生态区的自然生态概况、生物多样性概况详见本书实践篇第 4.2.5 节和第 4.3.2 节。

甘孜州旅游发展总体规划中的稻城—亚丁自然生态区主要包括稻城亚丁景区、海子山景区与稻城县城等部分。稻城亚丁景区是其中的核心。稻城亚丁景区在总体规划各旅游区，尤其是康南、康北地理位置较偏远的旅游区中具有一定的典型性，其特征主要有：景区具有高质量的自然、人文旅游资源，发展潜力巨大；景区与自然保护区等多有重合，主要环境影响集中在生态环境影响方面；景区基础设施建设相对落后，交通不便，景区建设规模需与规划接待目标相适应，否则易出现旅游环境承载力不足或重复建设、资源浪费的问题。

稻城亚丁景区作为典型景区进行生态环境影响分析的目的是：通过典型景区开发生态环境影响分析，掌握甘孜州一般旅游景区开发中生态环境影响的途径、范围与程度。分析典型景区旅游环境承载力，为在甘孜州范围内进行各旅游区旅游资源环境承载力分析提供依据。

6.2.1 景区规划概况

6.2.1.1 规划目标

稻城亚丁景区自然景观丰富多彩，人文景观独具风格。景区发展目标主要是在保护生态环境的基础上，合理扩大旅游区环境容量，以开发建设牵动城乡发展，以近期开发为重点，远近结合，使景区成为以自然观光为主，兼备生态科考探险、民俗风情旅游的综合性高山生态旅游区。

亚丁旅游区规划的近期目标是将景区建设成为国家 AAAA 级旅游区；中远期建立完整的生态系统和完善的旅游游览观赏系统。到 2010 年游人接待 40 万余人次；2015 年游人接待 60 万余人次。并于 2008 年申报世界自然文化遗产。

6.2.1.2 景区开发建设项目

为保持旅游区景观内容的序列性和景区空间的完整性，全区共划分为 7 个景区，即：日瓦旅游接待支撑中心区；亚丁村旅游景区；贡嘎冲古旅游景区；洛绒牛场旅游景区；五色海旅游景区；俄初山旅游景区；卡斯沟旅游景区。

目前，各景区旅游开发建设均存在着规模较小、初期低层次无序开发，缺乏一个整体的、系统的、科学的开发建设规划等问题。因此，为了合理地、有计划地开发各景区旅游资源，有必要进行一系列科学合理的景区景点开发建设。各景区建设项目见表 2-39。

表 2-39 各景区近期规划建设项目

景 区	建设项目	规 模
日瓦旅游支撑中心区	旅游区入口标志	1 个
	游人服务中心	占地 2 000 m^2，建筑面积 4 000 m^2
	香格里拉广场	占地 3 000 m^2
	停车场	占地 3 000 m^2，建筑面积 150 m^2
	一、二星级宾馆	占地 5 000 m^2，建筑面积 13 000 m^2
	驿站	占地 1 500 m^2，建筑面积 150 m^2
	汽车加油站	1 座
	污水处理厂	1 座
	改、扩建旅游公路	34 km
	游步道及马道	15 km
亚丁村景区	修建寨门	1 座
	观光摄影点	600 m^2
	停车场	1 000 m^2
	小型污水处理厂	1 座
贡嘎冲谷景区	修复冲古寺	
	观景摄影点	600 m^2×2=1 200 m^2
	木质栈道	约 32.5 km
	建游步道	4 km
	停车场	占地面积 1 000 m^2，建筑面积 80 m^2
洛绒牛场景区	观景点	600 m^2
	游道	6 km
五色海景区	帐篷营地	20 个床位
	游道	7 km
俄初山景区	观景点	1 200 m^2
	游步道	

6.2.1.3 景区旅游线路规划

旅游景区内部的交通组织与人流安排直接关系到旅游者的旅游质量、旅游区生态环境保护以及旅游接待服务设施安排等问题，同时又与旅游景区内部旅游线路的组织、旅游区承载量等密切相关。亚丁旅游景区交通组织以保证景区（特别是核心景区）的原始生态环境不受破坏，实现旅游人群“景区内游览，景区外住宿”，使旅游者的旅游意图最大限度地得到满足为基本思想和指导原则。

在以上原则的指导下，亚丁旅游景区需加强旅游景区公路、停车场及步行道等交通设施的建设，以满足旅游景区开发对交通建设的要求。具体建设项目见表 2-40。

表 2-40　亚丁景区旅游线路建设项目

建设项目	项目名称	规　模
旅游景区公路	日瓦—亚丁村—弄弄沟—冲古	山重三级道路，保障亚丁景区与旅游支撑点（日瓦镇）之间快速进出
	日瓦—康古	山重三级，是进出亚丁旅游景区的一条辅助公路
停车场及客运班车	在日瓦镇和亚丁村建设停车场； 在冲古、弄弄沟、康古建环保车站； 开通日瓦镇—亚丁村—冲古和日瓦镇—康古的定点环保班车	
步行道	冲古—珍珠海	
	冲古—杜鹃花海	
	冲古—洛绒牛场	
马道	康古—弄弄沟	

6.2.1.4 *旅游景区接待服务设施规划*

亚丁旅游景区的接待服务设施规划是根据景区旅游线路和景区旅游人流组织作出的。具体配套设施规划见表 2-41。

表 2-41　亚丁景区主要配套设施规划表

地点＼项目		日瓦	亚丁村	弄弄沟	冲古	洛绒牛场	康古
住宿	星级宾馆						
	非星级、民居	●	●				
	帐篷营区				●	●	
餐饮	高、中级餐厅	●					
	一般餐厅	●	●		●		
	饮食点	●	●	●	●	●	●
交通	停车场	●	●				
	环保车站	●	●		●		●
	马匹喂养点			●			●
治安机构		●	●		●		
旅游管理及咨询机构		●	●		●		
医疗服务机构		●	●		●	●	
购物	购物中心	●					
	购物点						

上述景区规划项目位置参见附图 2。

6.2.2 景区与亚丁国家级自然保护区关系

四川亚丁国家级自然保护区位于甘孜藏族自治州稻城县南部，总面积 1 457.5 km^2。1997 年经四川省人民政府批准为省级自然保护区；2001 年升级为国家级自然保护区。稻城亚丁景区所划分的 7 个景区中，除日瓦旅游接待中心区位于保护区范围之外，其他的亚丁村旅游景区、洛绒牛场旅游景区等 6 个景区全部位于保护区实验区范围内。

根据《四川亚丁国家级自然保护区总体规划》，保护区实验区是保护区居民的主要生活、生产区，也是保护区旅游开发的主要经营区域。区内人为活动相对较频繁，在保护的前提下，区内可从事科学实验、教学实习、生态旅游开发、野生动植物繁殖驯化及其他有价值资源的开发利用等活动。但保护区管理部门应加强对其的管理。

景区规划总体上符合《四川贡嘎山国家级自然保护区总体规划》对旅游开发区域的要求，保护区总规划中对旅游开发项目的设置和接待规模均提出了具体的要求，景区规划需与之协调一致。

6.2.3 景区规划生态环境影响分析

稻城亚丁景区规划项目的建设与运营对生态环境中动植物、珍稀保护物种以及景观生态体系等因素的影响机理与燕子沟景区类似。本典型景区生态环境影响评价侧重于对生态环境总体影响和景区旅游环境承载力的分析。

6.2.3.1 旅游开发对生态环境的影响

（1）旅游开发对生态环境的有利影响

旅游开发直接提高了人们的生态环境保护意识，促进景区和区域的生态环境保护建设，为生态环境的保护带来资金投入；旅游开发可替代其他有可能造成较大环境污染和生态破坏的产业，客观上保护了当地的生态环境；发展旅游获得的经济效益，可投资兴建环保工程。

（2）发展旅游对生态环境的不利影响

旅游道路的修建，在方便游客游览、促进景区建设的同时，也会带来和产生一系列诸如廊道效应、小气候效应、城镇化效应等对生态环境的负面影响，从而存在破坏景区景观生态质量的可能性；部分规模较大的建设项目可能会产生新的水土流失，从而影响景区地表水质量及生态环境。

旅游产业资源开发的技术含量较高，需要针对不同的景区、不同的资源采用与之相适应的开发手段。但由于旅游产业发展与其他产业发展之间存在的矛盾，以及许多旅游开发商缺乏应有的资源开发知识或仅仅只为旅游市场和游客的短期行为的方便程度考虑，而忽视了对旅游资源的保护，就极易造成开发中的环境破坏。

在自然景点中进行的人文景观布局建设，往往容易出现人造景观与自然景观不和谐的局面，从而破坏了自然景观本身的美，这在景区建设中要特别强调；而且目前大多数景点无污水处理系统，游人产生的生活废水就地随处排放，易使山沟、小溪等水体遭受污染；游人在景区内丢弃的塑料食品袋、包装袋等废弃物不仅造成了视觉上的污染，累积效应更可改变土壤的成分；游区内交通车辆的喇叭声，游人的大声喧闹，宾馆的娱乐及从事宗教活动时燃放的鞭炮等造成的噪声，都会对景区的动物造成一定的影响；由于游人的践踏可导致土壤板结、土壤结构破坏、从而影响植物生长，加快了水土流失；游人采摘植物、花草、果实，攀树照相以及在古树上刻字留名等，可能造成树木根系裸露、植物死亡，从而使景区小生境系统遭到破坏。

6.2.3.2 景区旅游环境承载力分析

旅游环境承载力可用旅游区能容纳的游客量度量，如果超过这个量，就会有一系列包括自然生态的和人文的负面影响。目前国内的一些著名旅游景点已经出现旅游人数过饱和的问题。对于稻城亚丁的景区和景点，也需关注规划实施后是否会面临此问题。

不同的旅游景区其旅游容量的限制因素不同，如黄山和北海其容量的首要限制因素是水源，而黄龙景区主要的限制因素是空间。对于稻城亚丁景区而言首要的限制因素将是高山生态和旅游空间，以下将对这两个因素加以分析。

稻城亚丁景区，其基岩大部分是石炭系到二叠系的变质的灰岩、大理岩和白云岩及其风化之后形成浅薄的石灰土。区域海拔 4 200～4 600 m 主要分布有高山草甸和乔灌木，海拔 4 200 m 以下为乔灌木地带。由于土层浅薄，该地区的植被一旦被破坏将难以再生。随着旅游业的发展，高科技技术的引进，可以采用一些可行的办法（包括管理方法），来防止过多的践踏。该区的生态容量将取决于我们的科学规划、科学建设和科学管理。

从另一因素——空间因素来看，亚丁景区存在着较大的限制。其分析和测算可以从景区主要观景点的空间和景区线路的长度两个方面进行。一般地，来此旅游的游客一般都要求有一定的活动空间范围，如果其活动的空间范围过分狭小，那么将难以享受应有的旅游乐趣。所以世界上许多国家和地区，包括世界旅游组织，都致力于旅游环境容量的调查研究。如 WTO 以每公顷地为单位，经调查统计得出同一时间，森林公园的承载力为 15 人/hm^2；郊区的自然公园为 15～17 人/hm^2。我国的著名景区也统计出人们活动的基本空间标准，如泰山为 15 m^2/人、庐山为

60 m^2/人，一般的山岳观景点为 8 m^2/人；对于线路长度，一般地，登山步道 4m/人，游步道 6m/人。

亚丁景区整个沟道的流域面积为 78.51 km^2，其中冲古寺周围平坦的活动区域为 0.24 km^2，珍珠海附近平坦的活动空间 0.20 km^2，洛绒牛场附近的平坦活动空间为 0.34 km^2。从亚丁桥（沟口）到冲古寺的步行距离为 2.6km，冲古寺到洛绒牛场的步行距离为 7.1km，冲古寺到珍珠海距离为 0.8km，三者相加为 10.5km。

参照以上标准，假设景区内均步行，按登山步道 4m/人，主要的景点取中值 20 m^2/人计算则计算结果如表 2-42 所示。

表 2-42 亚丁景区主要景点和步行道路的容量分析

景点/线路名称	容量标准	景点/线路规模	容纳游客的景区实际面积，总面积的 20%/m^2	环境容量/人	计算当日环境容量的标准	日环境容量/人
冲古寺—珍珠海	65 m^2/人	440 000 m^2	88 000	1 354	设通过调整每天上午 4 个时段进沟，当天下午返回，游客集中于不重叠的 4 个时段内到达景点，即每个景点接纳 4 批客人	5 416
洛绒牛场	100 m^2/人	340 000 m^2	68 000	680	设通过调整每天上午 2 个时段进沟，当天下午返回，游客集中于不重叠的 2 个时段内到达景点，即每个景点接纳 2 批客人	1 360
亚丁桥—冲古	—	2 600 m 左右	由于采用环保交通车，在规划时段内不会出现该段道路上的容量问题			
冲古—洛绒牛场	4 m/人	7 100 m	7 100	1 775	假设沿途的行走与观赏速度为 2.5 km/h，上午 4 个小时进沟，下午 4 个小时出沟	2 500

从以上的计算结果可知，纯步行旅游的容量各段略有差异。如果改善路面的条件，科学的管理，使游客交错旅游，则由线路决定的日环境容量将会提高。如果改善交通，使道路扩宽，同时使用无污染的电瓶车交通，道路影响下的日环境容量将会大大地提高。各风景点如果合理安排调度，使游人分散观景或加大观景区的观景面积比例，其日环境容量也将会提高。

7 旅游环境承载力分析

旅游环境承载力是指一定时段内区域旅游资源不受到破坏、生态体系保持平衡的条件下，旅游区域的环境所能承受的旅游经济活动量的阈值，是旅游环境本身具有自我调节功能的量度。旅游环境承载力分析结果是甘孜州旅游可持续发展的主要判据之一，旅游环境承载力评价的主要目的是对旅游规划中各项规划方案的合理性和可行性进行有效的判断，从旅游可持续发展的角度对甘孜州旅游发展总体规划提出合理的评价结论和优化建议。

7.1 旅游环境承载力评价指标

甘孜州旅游环境承载力由旅游资源空间承载力、旅游生态环境承载力、旅游区社会环境承载力和基础设施支撑能力等几部分组成。根据上阶段初步研究成果和稻城亚丁景区旅游环境承载力分析结果，结合甘孜州旅游环境的特点和旅游规划的内容，在尽量保持社会经济、自然生态环境协调统一的前提下，提出本规划旅游环境承载力的评价指标体系，如表 2-43 所示。

表 2-43 旅游环境承载力分析指标

指标分类	环境保护目标	评价指标
旅游资源空间承载力	旅游用地承载力	游览用地面积、旅游服务设施用地面积、旅游管理设施用地面积
	游览空间承载力	旅游景区、景点的空间面积、人均占路长度、人均占地面积、游客密度
旅游生态环境承载力	环境纳污承载力	水环境承载力、环境空气承载力、声环境承载力、固体废弃物承载力
	生态环境承载力	土壤环境承载力、水土流失、植被和森林覆盖率、生物多样性指数及珍稀动植物种数
	景观体系承载力	景观的多样性、异质性和稳定性、景观美学价值和景观视觉环境

指标分类	环境保护目标	评价指标
社会环境承载力	心理环境	旅游人口比例、旅游者构成、当地居民平均受教育程度、旅游从业人员平均受教育程度、当地居民心理开发度
	人文环境	地方民族文化和习俗、民族文化多样性、历史人文景观、文物保护和宗教文化
	环境管理	旅游活动组织协调能力、景区自然环境的管理能力
基础设施支撑能力	基础设施	投资规模、交通运输能力、供水供电及住宿接待能力、安全卫生设施、生活污水处理率、固体废弃物处理率
	效益水平	旅游行业产值比率

7.2 旅游环境承载力分项评价

7.2.1 旅游资源空间承载力（REBC）

甘孜州旅游发展总体规划中涉及的各旅游区涉及区域较为广阔，其本底情况总体上为地广人稀，使得游客人均占地面积大。但根据目前的旅游现状和规划的旅游方式，游客的活动区域一般仅限于各旅游道路和路线，因此采用路线法计算甘孜州旅游资源空间承载量，其计算公式为：

$$\mathrm{LCC}_0 = L/L_0$$

$$\mathrm{LCC}_1 = \mathrm{LCC}_0 \cdot t/t_0$$

$$\mathrm{LCC}_n = \mathrm{LCC}_1 \cdot D$$

式中：LCC_0 —— 瞬时容量，人/次；

L —— 游线长度，m；

L_0 —— 人均占有游线长度，m/人；

LCC_1 —— 日容量，人次/d；

t —— 景区日均开放时间，h/d；

t_0 —— 人均游览时间，h/人；

LCC_n —— 年容量，人次/a；

D —— 全年可游天数，d。

按每日开放 9 小时，人均游览 7 小时，人均合理占有游线长度 15 m/人，每年旅游时间 250 天计。根据甘孜州各规划旅游区大致游线长度（除区内规划建设道路外还应估算非建设游线长度），通过上述公式计算得出各旅游区旅游线路的最大日容量及年容量，见表 2-44。

表 2-44 甘孜州各旅游区旅游资源空间承载力汇总

旅游片区	旅游景区	日旅游环境容量/人次	年旅游环境容量/万人次	2015 年规划游客数量/万人次
康东旅游片区	贡嘎山—海螺沟冰川公园	6 429	160.71	35
	康定—跑马山—木格措—塔公自然生态区	2 143	53.57	48
	亚拉自然生态区	5 743	143.57	19
	九龙—伍须海自然生态区	643	16.07	5
	合计	14 957	373.93	107
康南旅游片区	稻城—亚丁自然生态区	6 771	169.29	23
	理塘—格聂山自然生态区	5 314	132.86	15
	巴塘—措木沟自然生态区	2 486	62.14	3
	格西沟—帕姆岭自然生态区	429	10.71	4
	合计	15 000	375.00	45
康北旅游片区	德格—新路海自然生态区	643	16.07	28
总计		30 600	765.00	180

由计算结果对比旅游规划各水平年各景区旅游发展目标，总体上规划接待人数大大低于旅游资源空间承载力，仅康北旅游片区因游道等旅游设施建设规划不足，造成旅游空间承载力不足。

7.2.2 旅游生态环境承载力（EEBC）

旅游生态环境承载力是指生态环境自恢复能力所允许的游客数量，其计算公式为

$$EEBC=\min（WEC，AEC，SEC，EEC）$$

（1）WEC 水环境承载力。

甘孜州地处长江上游，全州境内从东往西有大渡河、雅砻江、金沙江三大水系，流域面积分别为 4.40 万 km^2、8.69 万 km^2、2.21 万 km^2。全州水资源除来自大气降水外，境外江河来水、冰川固体水、高山湖泊水也十分丰富。根据《四川省 2005 年水资源公报》的统计数据，2005 年全国、四川省、甘孜州水资源情况详见表 2-45。

表 2-45 2005 年水资源情况 单位：亿 m^3

区域	年降水量	地表水资源量	地下水资源量	重复计算量	水资源总量	人均水资源量/m^3
全 国	61009.6	26982.4	8091.1	1070.8	28053.1	2145
四川省	5059.88	2921	590.04	588.44	2922.6	3388
甘孜州	1215.44	706.81	174.3	174.3	706.81	74969
甘孜州占全省比例/%	24.02	24.20	29.54	29.62	24.18	22.1 倍

从表 2-45 可知，2005 年甘孜州的水资源总量占全省的 24.18%，人均水资源量为全省平均水平的 22.1 倍，达到 74 969 m^3，高于全国。另根据世界水资源研究所提出的水资源水平四级评估标准（见表 2-46），对照可知甘孜州水资源处于高水平。

表 2-46 水资源水平四级评估标准

人均水资源/（m^3/人）	水平	表示
10000 以上	高水平	水资源很丰富
5 000～10 000	中等水平	不缺水
1 000～5 000	低水平	缺水
1 000 以下	最低水平	严重缺水

甘孜州水系发育，水资源丰富，但开发利用率极低。甘孜州地处川、滇、藏、青省区结合部，全州以农牧业经济为主，工业比重较少，全州经济欠发达。根据《四川省 2005 年水资源公报》，2005 年全省以及甘孜州的供水、用水量数据见表 2-47，主要用水指标见表 2-48。通过分析以下两表可知，2005 年甘孜州人均用水量为 136 m^3，不到全省人均用水量的 60%，2005 年供水总量不到水资源总量的 2%，甘孜州水资源利用率处于极低的水平。

表 2-47 2005 年全省及甘孜州供用水量情况 单位：亿 m^3

区域	供水量				用水量		
	地表水源	地下水源	其他水源	总供水量	生产	生活	总用水量
全省	191.11	17.05	4.14	212.30	188.83	23.47	212.30
甘孜州	1.24	0.04	0.00	1.28	1.07	0.21	1.28

表 2-48 2005 年全省及甘孜州主要用水指标

区域	人均 GDP/万元	人均用水量/m^3	万元 GDP 用水量/m^3	农田实灌亩均用水量/m^3	人均生活用水量/[L/（d・人）]		万元工业增加值用水量/m^3
					城镇生活	农村生活	
全　省	0.86	246	286	373	110	54	231
甘孜州	0.53	136	256	127	156	44	135

通过以上分析可知，甘孜州水资源的特点是水资源总量和人均占有量均较高，但是水资源的利用率很低。根据《四川省甘孜藏族自治州旅游发展总体规划》，2010 年总接待人数 104.78 万人次，2015 年总接待人数 164.43 万～180.11 万人次，按人均停留 4 天，用水定额 300L/（d・人）的较高指标计算，2010—2015 年旅游用水量为 125.74 万～216.13 万 m^3，仅占 2005 年甘孜州供水量的 0.98%～1.69%，占资源总量的比例更加微小。

根据甘孜州环境监测站资料，甘孜州主要江河流域水质量能达到规定的环境标准。主要江河流域环境功能区现有剩余水环境容量较大，其中大渡河：COD 61 万 t/a，氨氮 1.9 万 t/a；金沙江 COD 36 万 t/a，氨氮 2.5 万 t/a；雅砻江 COD 39 万 t/a，氨氮 2.3 万 t/a。另外，根据《甘孜州主要污染物总量减排实施方案》，甘孜州“十一五”COD 控制目标为 8 000t，氨氮为 1 000t。

由于旅游业用水量小，相应生活污水排放量也很小。根据规划各景区宾馆和游人中心等如有排水流经自然景区，均必须建设排污管道和污水收集处理池及相应处理设施，通过沉淀、曝气氧化降解。因此《甘孜藏族自治州旅游发展总体规划》对甘孜州水环境容量的压力很小，水环境承载力较大。

（2）AEC 大气环境承载力

根据《甘孜州主要污染物总量减排实施方案》，甘孜州大气污染物总量控制因子为 SO_2，计划在“十一五”的总量控制目标为 5 000 t。根据统计数据，甘孜州 2006 年 SO_2 排放总量为 2 970.50 t，剩余大气环境容量较大。

根据有关资料，每人平均拥有 30～40 m^2 的森林绿地即可维持空气中 O_2 和 CO_2 的正常比例，使空气清新。根据《甘孜藏族自治州国民经济和社会发展第十一个五年规划纲要》，2005 年全州森林覆盖率为 29.4%，人均森林拥有量为 0.049 km^2；计划到 2010 年森林覆盖率达到 31%以上，人均森林拥有量达到 0.050 km^2 以上；到 2020 年森林覆盖率达到 33%以上，人均森林拥有量达到 0.052 km^2 以上。甘孜州各旅游区面积较大，森林覆盖率高，若按每个游客拥有 40 m^2 的森林绿地计算，则旅游区的大气环境容量巨大，可视为对游客几乎没什么限制。

（3）SEC 固体废弃物承载力

各景区固体垃圾处理的基本方法是定期从现场清除干净，运输至固体垃圾处理系统处理。按照每人每天产生垃圾量为 0.7 kg，游客停留时间为 7 h 来计算，旅游区每个游客每天所产生的垃圾量为 0.204 kg。因此，SEC 的大小主要根据各景区配套固体垃圾的清运、处理能力决定，是旅游生态环境承载力中的限制性因素。

（4）EEC 自然植被承载力

由于各景区自然植被良好，森林覆盖率高，在严格控制旅游活动范围、形式和游客行为的前提下，EEC 相当大，属非限制性因素。

根据旅游生态环境承载力各分项的分析，本区域因旅游资源空间较大，环境现状较好，总体上具有较大的旅游生态环境承载力。在各分项中，大气环境和自然植被承载力相对更大，而水环境与固废承载力则主要取决于各旅游景区的配套处理措施。从规划文本中对旅游区配套设施的描述及当地环境容量的特点分析，固体废弃物的管理和处理难度相对较大，因此旅游生态环境承载力以 SEC 为代表进行计算分析，其结果见表 2-49。

表 2-49 甘孜州各旅游区旅游生态环境承载力汇总

旅游片区	旅游景区	日旅游环境容量/人次	年旅游环境容量/万人次
康东旅游片区	贡嘎山—海螺沟冰川公园	9 803	245.08
	康定—跑马山—木格措—塔公自然生态区	9 803	245.08
	亚拉自然生态区	9 803	245.08
	九龙—伍须海自然生态区	4 902	122.55
	合计	34 311	857.78
康南旅游片区	稻城—亚丁自然生态区	9 803	245.08
	理塘—格聂山自然生态区	9 803	245.08
	巴塘—措木沟自然生态区	9 803	245.08
	格西沟—帕姆岭自然生态区	4 902	122.55
	合计	34 311	857.78
康北旅游片区	德格—新路海自然生态区	9 803	245.08
总计		78 425	1 960.63

由统计结果看，各片区和旅游景区生态环境承载力均远大于规划接待游客人数，但该项承载力取决于各景区固体废弃物、生活垃圾的管理、清运和处理能力。根据旅游规划，目前各景区生活垃圾的处理主要依托于邻近县城的城市垃圾处理

系统，本阶段计算中主要考虑垃圾的管理和清运，因此在旅游区的实际开发和营运中，需关注景区生活垃圾的处理问题，如有必要，在景区具体旅游规划中需开展景区垃圾处理系统的设计和建设。

7.2.3 基础设施支撑能力（经济承载力，DEBC）

基础设施支撑能力主要包括主副食供应、旅馆床位、水、电、煤气、电话、交通车辆、停车场等各方面的供给水平所能承载的旅游者人数。考虑当地实际情况，以供水和供电为例，供水能力承载量 DEBC1 和供电能力承载量 DEBC2 分别为：

$$DEBC1=SS1/DD1$$

式中：SS1 —— 旅游区游客水资源的日供给量；

DD1 —— 游客水资源的人均需求量。

$$DEBC2=SS2/DD2$$

式中：SS2 —— 旅游区规划供电量；

DD2 —— 游客人均电需求量。

DD1 和 DD2 均可根据实际情况按定额计算，SS1 和 SS2 则受各景区按规划实际投资和建设实施情况的制约。根据旅游规划中各景区供电和给水规划内容以及目前甘孜州供电给水现状，在进行必要的景区基础设施建设后，包括供水供电在内的各项基础设施均可满足各阶段规划游客增长数的要求，基础设施支撑能力足够大，可视为非限制性因素。

7.2.4 社会环境承载力（PEBC）

各旅游区多属藏族聚居区，具有独特的地方民族文化和习俗、浓厚的宗教氛围。因此，社会环境承载力主要取决于本地居民对旅游业发展所持的态度以及当地政府对旅游开发的支持程度；同时也要考虑旅游业发展后，旅游活动和游客人数增加对当地民族文化的影响程度。从初步进行的公众参与调查结果分析，当地居民对开展旅游活动绝大部分持欢迎态度，因而旅游地居民的心理承载量较大。

7.2.5 旅游环境承载力综合值（TEBC）

旅游环境承载力综合值的内涵是各旅游区的环境承载力应为资源空间承载力、生态环境承载力、社会环境承载力和基础设施支撑能力的最小值。计算公式如下：

$$TEBC=\min（REBC，EERC，DERC，PEBC）$$

根据上述各分项承载力分析计算结果，各旅游区旅游环境容量由旅游空间资源承载力决定，计算结果见表 2-50。由表可见甘孜州旅游环境承载力总值为 30 600 人/d（765 万人/a）。

表 2-50 甘孜州旅游区旅游环境容量

旅游片区	旅游景区	日旅游环境容量/人次	年旅游环境容量/万人次
康东旅游片区	贡嘎山—海螺沟冰川公园	6 429	160.71
	康定—跑马山—木格措—塔公自然生态区	2 143	53.57
	亚拉自然生态区	5 743	143.57
	九龙—伍须海自然生态区	643	16.07
	合计	14 957	373.93
康南旅游片区	稻城—亚丁自然生态区	6 771	169.29
	理塘—格聂山自然生态区	5 314	132.86
	巴塘—措木沟自然生态区	2 486	62.14
	格西沟—帕姆岭自然生态区	429	10.71
	合计	15 000	375.00
康北旅游片区	德格—新路海自然生态区	643	16.07
总计		30 600	765.00

7.3 旅游环境承载力综合评价

根据规划甘孜州 2005 年游客为 51.48 万人次，2010 年游客为 104.78 万人次，2015 年游客为 164.43 万～180.11 万人次。各片区游客人数见表 2-51 至表 2-53。

表 2-51 康东旅游片区主要旅游点游客增长规划 单位：万人次

旅游景区＼时序	2005 年	2010 年	2015 年	
			Ⅰ	Ⅱ
贡嘎山—海螺沟冰川公园	12.62	23.85	35	35
康定—跑马山—木格措—塔公自然生态区	16.22	30.65	45	48
亚拉自然生态区	5.4	10.21	15	19
九龙—伍须海自然生态区	1.8	3.4	5	5
合计	36.04	68.11	100	107

注：Ⅰ代表第一方案目标，Ⅱ代表第二方案目标。

表 2-52　康南旅游片区主要旅游点游客增长规划　　单位：万人次

旅游景区＼时序	2005 年	2010 年	2015 年	
			Ⅰ	Ⅱ
稻城—亚丁自然生态区	5.67	13.26	23	23
理塘—格聂山自然生态区	3.6	8.44	15	15
巴塘—措木沟自然生态区	0.51	1.2	2	3
格西沟—帕姆岭自然生态区	0.51	1.2	2	4
合计	10.29	24.10	42	45

注：Ⅰ代表第一方案目标，Ⅱ代表第二方案目标。

表 2-53　康北旅游片区主要旅游点游客增长规划　　单位：万人次

旅游景区＼时序	2005 年	2010 年	2015 年	
			Ⅰ	Ⅱ
德格—新路海自然生态区	5.15	12.57	22.5	28.11
合计	5.15	12.57	22.5	28.11

注：Ⅰ代表第一方案目标，Ⅱ代表第二方案目标。

考虑到旅游区每年少数几天的高峰时期（例如“十一”黄金周），游客人数将有较大增加，通过类比同行业数据，估算各旅游区高峰期日游客人数将达到平均日游客人数的 5～8 倍。在旅游区环境承载力分析中，得出甘孜州各旅游区总计的合理日环境容量是 30600 人/d，年环境容量是 765 万人。可见总体上旅游区游客数量在平常期满足环境承载力要求，而在 2015 年高峰期游客数量将超出合理的环境容量，从而对生态环境产生不利影响。下面将情景分析法和环境承载力分析法相结合进行旅游环境承载力综合评价。

假设旅游区配套设施规模均按照规划水平，旅游区游客人数随时间变化，于是共设定 6 种情景，并评价 6 种情景条件下的环境影响（各情景条件详见表 2-54）。

情景 1：时间为 2005 年平常期，游客总人数为 2059 人/d。

情景 2：时间为 2005 年高峰期，游客总人数为 12355 人/d。

情景 3：时间为 2010 年平常期，游客总人数为 4191 人/d。

情景 4：时间为 2010 年高峰期，游客总人数为 25 147 人/d。

情景 5：时间为 2015 年平常期，游客总人数为 7 204 人/d。

情景 6：时间为 2015 年高峰期，游客总人数为 43 226 人/d。

表 2-54 各情景条件下分景区日游客人数 单位：人/d

旅游片区	旅游景区	情景 1	情景 2	情景 3	情景 4	情景 5	情景 6
康东旅游片区	贡嘎山—海螺沟冰川公园	505	3 029	954	5 724	1 400	8 400
	康定—跑马山—木格措—塔公自然生态区	649	3 893	1 226	7 356	1 920	11 520
	亚拉自然生态区	216	1 296	408	2 450	760	4 560
	九龙—伍须海自然生态区	72	432	136	816	200	1 200
	合计	1 442	8 650	2 724	16 346	4 280	25 680
康南旅游片区	稻城—亚丁自然生态区	227	1 361	530	3 182	920	5 520
	理塘—格聂山自然生态区	144	864	338	2 026	600	3 600
	巴塘—措木沟自然生态区	20	122	48	288	120	720
	格西沟—帕姆岭自然生态区	20	122	48	288	160	960
	合计	412	2 470	964	5 784	1 800	10 800
康北旅游片区	德格—新路海自然生态区	206	1 236	503	3 017	1 124	6 746
总计		2 059	12 355	4 191	25 147	7 204	43 226

采用环境承载力评价法，通过将预测游客人数与环境承载力综合值进行比较，找出限制因素。详见表 2-55。

表 2-55 旅游环境承载力综合评价

旅游片区	旅游景区		情景 1	情景 2	情景 3	情景 4	情景 5	情景 6
康东旅游片区	贡嘎山—海螺沟冰川公园	承载量	6 429	6 429	6 429	6 429	6 429	6 429
		超载量	−5 924	−3 400	−5 475	−705	−5 029	1 971
	康定—跑马山—木格措—塔公自然生态区	承载量	2 143	2 143	2 143	2 143	2 143	2 143
		超载量	−1 494	1 750	−917	5 213	−223	9 377
	亚拉自然生态区	承载量	5 743	5 743	5 743	5 743	5 743	5 743
		超载量	−5 527	−4 447	−5 334	−3 292	−4 983	−1 183
	九龙—伍须海自然生态区	承载量	643	643	643	643	643	643
		超载量	−571	−211	−507	173	−443	557
	合计	承载量	14957	14957	14957	14957	14957	14957
		超载量	−13 516	−6 308	−12 233	1 389	−10 677	10 723

旅游片区	旅游景区		情景 1	情景 2	情景 3	情景 4	情景 5	情景 6
康南旅游片区	稻城—亚丁自然生态区	承载量	6771	6771	6771	6771	6771	6771
		超载量	–6545	–5411	–6241	–3589	–5851	–1251
	理塘—格聂山自然生态区	承载量	5314	5314	5314	5314	5314	5314
		超载量	–5170	–4450	–4977	–3289	–4714	–1714
	巴塘—措木沟自然生态区	承载量	2486	2486	2486	2486	2486	2486
		超载量	–2465	–2363	–2438	–2198	–2366	–1766
	格西沟—帕姆岭自然生态区	承载量	429	429	429	429	429	429
		超载量	–408	–306	–381	–141	–269	531
	合计	承载量	15000	15000	15000	15000	15000	15000
		超载量	–14588	–12530	–14036	–9216	–13200	–4200
康北旅游片区	德格—新路海自然生态区	承载量	643	643	643	643	643	643
		超载量	–437	593	–140	2374	482	6104
总计		承载量	30600	30600	30600	30600	30600	30600
		超载量	–28541	–18245	–26409	–5453	–23396	12626

由表 2-55 可见，在平常期（情景 1、3、5）条件下，绝大部分景区游客数量均未超出旅游环境承载力，总体上不会对环境造成不利影响。其中仅康北片区的德格—新路海景区在 2015 年高峰期出现超载，说明该景区按目前规划的旅游资源空间承载力不足。

在旅游高峰期（情景 2、4、6），环境超载现象则较普遍。其中最严重的是康东片区的康定景区和康北片区的德格—新路海景区，在 2005 年、2010 年、2015 年 3 个水平年均超载；其次是康东片区的九龙—伍须海景区，在 2010 年和 2015 年 2 个水平年超载。

从 3 个旅游片区的总体情况分析，康南片区情况良好，仅格西沟—帕姆岭景区在 2015 年略有超载；康东片区在 2010 年和 2015 年高峰期超载，主要原因是康定和九龙—伍须海 2 个景区高峰期游客过多；康北片区则由于规划不足，在各水平年高峰期均超载，2015 水平年时，平常期承载力已存在超载现象。

资源空间承载力超载，会给景区带来很大的压力，对生态环境造成的不利影响很难恢复。同时空间承载力超载会降低旅游区景观的美感，达不到游客对游览空间的需求，降低景区价值。旅游业的可持续发展必须提高景区的吸引力，若环境受到破坏则将导致游客数量的大幅度下降，造成旅游业的整体下滑，因此必须采取有针对性的措施，在总体规划中协调各景区的开发和建设，以减免旅游活动对环境的不利影响。

8 生物多样性影响分析

8.1 景观生态体系弹性度变化分析

8.1.1 对景观生态体系恢复稳定性的影响

甘孜州地区植被覆盖率较高，从平均生物量上看，甘孜州生物量的分布具有以下特点：平均生物量＜10 t/hm^2 和 10 t/hm^2＜平均生物量＜50 t/hm^2 的植被类型所占面积最大，约占全州面积的 90%。其中，平均生物量＜10 t/hm^2 的植被面积约占全州面积的 40%，斑块主要分布在石渠、德格、白玉、甘孜、色达等县，并且斑块分布连续性较强；10 t/hm^2＜平均生物量＜50 t/hm^2 的植被类型主要分布在甘孜州中部及南部的白玉、甘孜及护霍以南地区，斑块连续性较强，多呈枝条分布；平均生物量最大，超过 150 t/hm^2 的植被类型呈零星分布状态，斑块破碎化程度较大，每个县均有分布，以甘孜州中部、西南部地区斑块密度相对较大，在西北边界地区呈带状斑块分布；无植被地段面积最小，零星分布在德格、巴塘、康定等县，斑块呈不规则形状分布。

根据《四川省甘孜藏族自治州旅游发展总体规划》，甘孜州将规划形成 3 个旅游片区，即康巴风情与生态观光度假旅游区（康东）、香格里拉生态旅游区（康南）、康巴文化旅游区（康北），以及 9 个主要自然生态风景名胜旅游区。采用叠图法进行分析（见附图 3），可以得到各景区所涉及的生物量的面积和比例，详见表 2-56。

由统计结果分析，康东、康南和康北 3 个旅游片区面积均较大。其中在康东和康南旅游片区中平均生物量在 10～50 t/hm^2 的区域面积最大，分别占到了各自片区总面积的 50%左右。康北旅游片区中平均生物量小于 10 t/hm^2 的区域面积较大，超过本片区总面积的 50%；但平均生物量大于 100 t/hm^2 的区域面积也超过了总面积的 10%。因此各旅游区所在区域总体上平均生物量较大，其总生物量为 32 212 万 t/a，占到甘孜州全州统计生物量的 49.3%。说明旅游区所在区域总体上生态环境良好，森林、灌丛等生物量较大的景观拼块分布较广。

表 2-56 甘孜州旅游发展总体规划各片区生物量统计

涉及区域平均生物量	康东旅游片区				康南旅游片区				康北旅游片区			
	面积/km^2	比例/%	生物量/万 t	比例/%	面积/km^2	比例/%	生物量/万 t	比例/%	面积/km^2	比例/%	生物量/万 t	比例/%
0	91	0.28	0	0	776	1.78	0	0	367	3.60	0	0
平均生物量＜10 t/hm^2	6129	18.93	613	4.36	13548	31.03	1350	8.96	5680	55.74	568	18.72
10 t/hm^2＜平均生物量＜50 t/hm^2	18295	56.50	5488	39.02	20344	46.60	6100	40.38	2600	25.51	780	25.70
50 t/hm^2＜平均生物量＜100 t/hm^2	3838	11.85	2879	20.47	7549	17.29	5660	37.46	497	4.88	373	12.28
100 t/hm^2＜平均生物量＜150 t/hm^2	3828	11.82	4785	34.02	678	1.55	847	5.61	1021	10.02	1280	42.05
平均生物量＞150 t/hm^2	200	0.62	300	2.14	764	1.75	1150	7.58	25	0.25	38	1.26
合计	32382	100	14066	100	43659	100	15107	100	10191	100	3039	100
总计（涉及区域总生物量）/万 t									32212			

甘孜州旅游发展总体规划中将上述各区域划为旅游区后，主要的相关建设项目为各景区接待设施及部分旅游步道，相对整个景区而言其占用区域很小，对各景区目前的生物量水平不会产生明显影响。根据旅游规划，为保障旅游业的可持续发展，对景区生态环境尤其是植被、景观的保护力度还将进一步加大。因此，各旅游区总体上仍将保持目前较高的生物量水平，景观生态系统的恢复稳定性较强且不会受到明显影响。

8.1.2 对景观生态体系阻抗稳定性的影响

8.1.2.1 预测方法

本文采用景观优势度公式计算旅游发展总体规划对甘孜州景观生态体系阻抗稳定性的影响。景观优势度公式如下：

密度 R_d= 拼块 i 的数目/拼块总数×100%

频率 R_f= 拼块 i 出现的样方数/总样方数×100%

景观比例 L_p = 拼块 i 的面积/样地总面积×100%

优势度值 $D_0 = [(R_d + R_f)/2 + L_p]/2 \times 100\%$

由于评价范围为甘孜州全州这一较大尺度，在优势度计算中，成图样方面积取值较大，全州共划分为70个样方。根据典型景区生态环境影响分析中燕子沟景区景观生态体系的变化原因分析结果，景观密度、频率和比例的变化主要取决于各景区建设项目的占地面积和规划新建通车道路的数量与长度。按此原则分别对规划涉及的9个自然生态区进行规划实施前后的景观优势度进行计算。

8.1.2.2 预测结果

甘孜州2005年以及规划实施后的2015年，各景区主要景观生态类型相关数据的变化情况详见表2-57和表2-58。

表2-57 2005年甘孜州各景观生态类型相关数值（本底值）

贡嘎山—海螺沟冰川公园					
景观生态类型	面积/km^2	密度（R_d）/%	频率（R_f）/%	景观比例（L_p）/%	优势度值（D_o）/%
阔叶林	290.10	7.69	12.50	2.53	6.3
针叶林	3296.93	30.77	68.75	28.78	39.3
灌丛	5194.33	15.38	87.50	45.35	48.4
草甸	1795.47	15.38	50.00	15.67	24.2
泥石滩植被	1117.27	15.38	31.25	9.75	16.5
沼泽植被	0.00	0.00	0.00	0.00	0.0
无植被区	962.42	7.69	12.50	8.40	9.2
城镇	119.57	7.69	6.25	1.04	4.0
康定—跑马山—木格措—塔公自然生态区					
景观生态类型	面积/km^2	密度（R_d）/%	频率（R_f）/%	景观比例（L_p）/%	优势度值（D_o）/%
阔叶林	807.99	8.33	14.29	6.55	8.9
针叶林	1762.71	25.00	50.00	14.28	25.9
灌丛	4190.60	16.67	78.57	33.95	40.8
草甸	3981.26	16.67	50.00	32.26	32.8
泥石滩植被	2017.04	16.67	64.29	16.34	28.4
沼泽植被	117.38	8.33	7.14	0.95	4.3
无植被区	0.00	0.00	0.00	0.00	0.0
城镇	119.34	8.33	7.14	0.97	4.4
亚拉自然生态区					
景观生态类型	面积/km^2	密度（R_d）/%	频率（R_f）/%	景观比例（L_p）/%	优势度值（D_o）/%
阔叶林	301.00	18.18	50.00	11.22	22.7
针叶林	1035.06	27.27	100.00	38.60	51.1
灌丛	807.85	27.27	100.00	30.12	46.9
草甸	349.55	18.18	16.67	13.03	15.2
泥石滩植被	0.00	0.00	0.00	0.00	0.0
沼泽植被	0.00	0.00	0.00	0.00	0.0
无植被区	0.00	0.00	0.00	0.00	0.0
城镇	118.46	9.09	16.67	4.42	8.6

九龙—伍须海自然生态区					
景观生态类型	面积/km^2	密度（R_d）/%	频率（R_f）/%	景观比例（L_p）/%	优势度值（D_o）/%
阔叶林	0.00	0.00	0.00	0.00	0.0
针叶林	2037.52	37.50	100.00	34.52	51.6
灌丛	3560.79	25.00	100.00	60.33	61.4
草甸	97.40	12.50	20.00	1.65	9.0
泥石滩植被	161.68	12.50	10.00	2.74	7.0
沼泽植被	0.00	0.00	0.00	0.00	0.0
无植被区	0.00	0.00	0.00	0.00	0.0
城镇	118.82	12.50	10.00	2.01	6.6
稻城—亚丁自然生态区					
景观生态类型	面积/km^2	密度（R_d）/%	频率（R_f）/%	景观比例（L_p）/%	优势度值（D_o）/%
阔叶林	2488.60	22.22	50.00	13.67	24.9
针叶林	1205.60	11.11	22.73	6.62	11.8
灌丛	4746.91	33.33	68.18	26.08	38.4
草甸	8859.10	11.11	100.00	48.68	52.1
泥石滩植被	1673.90	16.67	40.91	9.20	19.0
沼泽植被	0.00	0.00	0.00	0.00	0.0
无植被区	0.00	0.00	0.00	0.00	0.0
城镇	118.04	5.56	4.55	0.65	2.8
理塘—格聂山自然生态区					
景观生态类型	面积/km^2	密度（R_d）/%	频率（R_f）/%	景观比例（L_p）/%	优势度值（D_o）/%
阔叶林	66.78	7.69	9.09	0.69	4.5
针叶林	883.92	15.38	45.45	9.16	19.8
灌丛	3745.85	30.77	90.91	38.82	49.8
草甸	4498.16	23.08	100.00	46.62	54.1
泥石滩植被	667.85	7.69	18.18	6.92	9.9
沼泽植被	0.00	0.00	0.00	0.00	0.0
无植被区	1137.31	7.69	45.45	11.79	19.2
城镇	119.82	7.69	9.09	1.24	4.8
巴塘—措木沟自然生态区					
景观生态类型	面积/km^2	密度（R_d）/%	频率（R_f）/%	景观比例（L_p）/%	优势度值（D_o）/%
阔叶林	740.59	9.09	16.67	7.20	10.0
针叶林	412.31	9.09	8.33	4.01	6.4
灌丛	1639.46	18.18	50.00	15.94	25.0
草甸	5418.62	9.09	83.33	52.69	49.5
泥石滩植被	1836.82	27.27	58.33	17.86	30.3
沼泽植被	0.00	0.00	0.00	0.00	0.0
无植被区	582.31	18.18	25.00	5.66	13.6
城镇	119.20	9.09	8.33	1.16	4.9

格西沟—帕姆岭自然生态区					
景观生态类型	面积/km^2	密度（R_d）/%	频率（R_f）/%	景观比例（L_p）/%	优势度值（D_o）/%
阔叶林	671.63	20.00	50.00	12.15	23.6
针叶林	2 071.67	30.00	100.00	37.49	51.2
灌丛	2 954.77	30.00	100.00	53.47	59.2
草甸	203.64	10.00	12.50	3.69	7.5
泥石滩植被	0.00	0.00	0.00	0.00	0.0
沼泽植被	0.00	0.00	0.00	0.00	0.0
无植被区	0.00	0.00	0.00	0.00	0.0
城镇	119.44	10.00	12.50	2.16	6.7
德格—新路海自然生态区					
景观生态类型	面积/km^2	密度（R_d）/%	频率（R_f）/%	景观比例（L_p）/%	优势度值（D_o）/%
阔叶林	0.00	0.00	0.00	0.00	0.0
针叶林	1 673.67	18.75	26.67	16.42	19.6
灌丛	2 606.30	25.00	46.67	25.58	30.7
草甸	3 869.37	31.25	80.00	37.97	46.8
泥石滩植被	2 442.07	6.25	33.33	23.96	21.9
沼泽植被	0.00	0.00	0.00	0.00	0.0
无植被区	981.52	12.50	33.33	9.63	16.3
城镇	119.27	6.25	6.67	1.17	3.8
各旅游区合计					
景观生态类型	面积/km^2	密度（R_d）/%	频率（R_f）/%	景观比例（L_p）/%	优势度值（D_o）/%
阔叶林	5 366.69	9.68	21.93	6.22	11.0
针叶林	14 379.37	19.35	50.00	16.68	25.7
灌丛	29 446.87	22.58	76.32	34.15	41.8
草甸	29 072.59	15.32	64.91	33.71	36.9
泥石滩植被	9 916.63	10.48	33.33	11.50	16.7
沼泽植被	117.38	0.81	0.88	0.14	0.5
无植被区	3 663.56	4.84	13.16	4.25	6.6
城镇	1 071.96	7.26	7.89	1.24	4.4

表 2-58 2015 年甘孜州各景观生态类型相关数值

贡嘎山—海螺沟冰川公园					
景观生态类型	面积/km^2	密度（R_d）/%	频率（R_f）/%	景观比例（L_p）/%	优势度值（D_o）/%
阔叶林	290.10	6.25	12.50	2.53	6.0
针叶林	3296.93	25.00	68.75	28.78	37.8
灌丛	5192.37	12.50	87.50	45.33	47.7
草甸	1795.47	12.50	50.00	15.67	23.5
泥石滩植被	1117.27	12.50	31.25	9.75	15.8
沼泽植被	0.00	0.00	0.00	0.00	0.0
无植被区	962.42	6.25	12.50	8.40	8.9
城镇	121.53	25.00	12.50	1.06	9.9
康定—跑马山—木格措—塔公自然生态区					
景观生态类型	面积/km^2	密度（R_d）/%	频率（R_f）/%	景观比例（L_p）/%	优势度值（D_o）/%
阔叶林	807.99	6.67	14.29	6.55	8.5
针叶林	1762.71	20.00	50.00	14.28	24.6
灌丛	4188.64	13.33	78.57	33.94	39.9
草甸	3981.26	13.33	50.00	32.26	32.0
泥石滩植被	2017.04	13.33	64.29	16.34	27.6
沼泽植被	117.38	6.67	7.14	0.95	3.9
无植被区	0.00	0.00	0.00	0.00	0.0
城镇	121.30	26.67	14.29	0.98	10.7
亚拉自然生态区					
景观生态类型	面积/km^2	密度（R_d）/%	频率（R_f）/%	景观比例（L_p）/%	优势度值（D_o）/%
阔叶林	301.00	15.38	50.00	11.22	22.0
针叶林	1035.06	23.08	100.00	38.60	50.1
灌丛	805.91	23.08	100.00	30.05	45.8
草甸	349.55	15.38	16.67	13.03	14.5
泥石滩植被	0.00	0.00	0.00	0.00	0.0
沼泽植被	0.00	0.00	0.00	0.00	0.0
无植被区	0.00	0.00	0.00	0.00	0.0
城镇	120.40	23.08	16.67	4.49	12.2
九龙—伍须海自然生态区					
景观生态类型	面积/km^2	密度（R_d）/%	频率（R_f）/%	景观比例（L_p）/%	优势度值（D_o）/%
阔叶林	0.00	0.00	0.00	0.00	0.0
针叶林	2037.52	33.33	100.00	34.52	50.6
灌丛	3558.84	22.22	100.00	60.30	60.7
草甸	97.40	11.11	20.00	1.65	8.6
泥石滩植被	161.68	11.11	10.00	2.74	6.6
沼泽植被	0.00	0.00	0.00	0.00	0.0
无植被区	0.00	0.00	0.00	0.00	0.0
城镇	120.77	22.22	10.00	2.05	9.1

稻城—亚丁自然生态区					
景观生态类型	面积/km^2	密度（R_d）/%	频率（R_f）/%	景观比例（L_p）/%	优势度值（D_o）/%
阔叶林	2488.60	20.00	50.00	13.67	24.3
针叶林	1205.60	10.00	22.73	6.62	11.5
灌丛	4744.98	30.00	68.18	26.07	37.6
草甸	8859.10	10.00	100.00	48.68	51.8
泥石滩植被	1673.90	15.00	40.91	9.20	18.6
沼泽植被	0.00	0.00	0.00	0.00	0.0
无植被区	0.00	0.00	0.00	0.00	0.0
城镇	119.98	15.00	4.55	0.66	5.2
理塘—格聂山自然生态区					
景观生态类型	面积/km^2	密度（R_d）/%	频率（R_f）/%	景观比例（L_p）/%	优势度值（D_o）/%
阔叶林	66.78	6.67	9.09	0.69	4.3
针叶林	883.92	13.33	45.45	9.16	19.3
灌丛	3743.89	26.67	90.91	38.80	48.8
草甸	4498.16	20.00	100.00	46.62	53.3
泥石滩植被	667.85	6.67	18.18	6.92	9.7
沼泽植被	0.00	0.00	0.00	0.00	0.0
无植被区	1137.31	6.67	45.45	11.79	18.9
城镇	121.78	20.00	9.09	1.26	7.9
巴塘—措木沟自然生态区					
景观生态类型	面积/km^2	密度（R_d）/%	频率（R_f）/%	景观比例（L_p）/%	优势度值（D_o）/%
阔叶林	740.59	8.33	16.67	7.20	9.9
针叶林	412.31	8.33	8.33	4.01	6.2
灌丛	1637.51	16.67	50.00	15.92	24.6
草甸	5418.62	8.33	83.33	52.69	49.3
泥石滩植被	1836.82	25.00	58.33	17.86	29.8
沼泽植被	0.00	0.00	0.00	0.00	0.0
无植被区	582.31	16.67	25.00	5.66	13.2
城镇	121.15	16.67	8.33	1.18	6.8
格西沟—帕姆岭自然生态区					
景观生态类型	面积/km^2	密度（R_d）/%	频率（R_f）/%	景观比例（L_p）/%	优势度值（D_o）/%
阔叶林	671.63	18.18	50.00	12.15	23.1
针叶林	2071.67	27.27	100.00	37.49	50.6
灌丛	2952.81	27.27	100.00	53.44	58.5
草甸	203.64	9.09	12.50	3.69	7.2
泥石滩植被	0.00	0.00	0.00	0.00	0.0
沼泽植被	0.00	0.00	0.00	0.00	0.0
无植被区	0.00	0.00	0.00	0.00	0.0
城镇	121.40	18.18	12.50	2.20	8.8

德格—新路海自然生态区					
景观生态类型	面积/km^2	密度（R_d）/%	频率（R_f）/%	景观比例（L_p）/%	优势度值（D_o）/%
阔叶林	0.00	0.00	0.00	0.00	0.0
针叶林	1673.67	15.79	26.67	16.42	18.8
灌丛	2604.35	21.05	46.67	25.56	29.7
草甸	3869.37	26.32	80.00	37.97	45.6
泥石滩植被	2442.07	5.26	33.33	23.96	21.6
沼泽植被	0.00	0.00	0.00	0.00	0.0
无植被区	981.52	10.53	33.33	9.63	15.8
城镇	121.22	21.05	13.33	1.19	9.2
各旅游区合计					
景观生态类型	面积/km^2	密度（R_d）/%	频率（R_f）/%	景观比例（L_p）/%	优势度值（D_o）/%
阔叶林	5366.69	9.23	21.93	6.22	10.9
针叶林	14379.37	18.46	50.00	16.68	25.5
灌丛	29429.29	21.54	76.32	34.13	41.5
草甸	29072.59	14.62	64.91	33.71	36.7
泥石滩植被	9916.63	10.00	33.33	11.50	16.6
沼泽植被	117.38	0.77	0.88	0.14	0.5
无植被区	3663.56	4.62	13.16	4.25	6.6
城镇	1089.54	12.77	10.53	1.26	8.5

根据表 2-57 和表 2-58 可以得到 2005 年以及旅游规划实施后的 2015 年甘孜州各旅游景区景观生态类型景观密度（R_d）、景观频率（R_f）、景观比例（L_p）、景观优势度（D_o）的数值变化。

（1）景观密度（R_d）

景观密度（R_d）反映出此种景观类型的斑块数占总斑块数的大小情况。从表 2-59 的数据可知，2005 年甘孜州旅游区各景观生态类型中 R_d 最大的为灌丛和针叶林，说明这两种景观生态类型的斑块数量最多；规划实施后的 2015 年城镇等人工斑块的 R_d 值有较大幅度增加，而其余斑块的 R_d 值均有所减少，但幅度相对较小，这说明规划实施后甘孜州旅游区的天然斑块数量减少，而城镇等人工斑块的数量增加，但并没有改变灌丛和针叶林的景观密度最大的现状。

表 2-59 2005—2015 年甘孜州旅游区各景观生态类型景观密度的数值变化 单位：%

景观生态类型	2005 年	2015 年	
	景观密度（R_d）	景观密度（R_d）	与 2005 年相比
阔叶林	9.68	9.23	–4.65
针叶林	19.35	18.46	–4.60
灌丛	22.58	21.54	–4.61
草甸	15.32	14.62	–4.57
泥石滩植被	10.48	10.00	–4.58
沼泽植被	0.81	0.77	–4.94
无植被区	4.84	4.62	–4.55
城镇	7.26	12.77	75.9

（2）景观频率（R_f）

景观频率（R_f）反映出该种景观类型出样的样方数占总样方数的比例大小。从表 2-60 的数据可知，2005 年甘孜州各景观生态类型中景观频率最大的为灌丛，R_f值为 76.32%，其次为草甸，R_f值为 64.91%，说明这两种景观类型分布最广；规划实施后的 2015 年，各景观类型中除城镇等人工斑块较 2005 年增加 33.46%外，其余各景观类型的 R_f不变，说明规划实施将明显增加人工斑块的景观频率，但由于这些斑块面积很小，未影响其他斑块的分布，对整个景观结构影响不大。

表 2-60 2005—2015 年甘孜州旅游区各景观生态类型景观频率的数值变化 单位：%

景观生态类型	2005 年	2015 年	
	景观频率（R_f）	景观频率（R_f）	与 2005 年相比
阔叶林	21.93	21.93	0.00
针叶林	50.00	50.00	0.00
灌丛	76.32	76.32	0.00
草甸	64.91	64.91	0.00
泥石滩植被	33.33	33.33	0.00
沼泽植被	0.88	0.88	0.00
无植被区	13.16	13.16	0.00
城镇	7.89	10.53	33.46

（3）景观比例（L_p）

景观比例（L_p）反映该景观类型的面积占总面积的比例大小。从表 2-61 的数据可知，2005 年甘孜州各景观生态类型中 L_p 最大的为灌丛，L_p 值为 34.13%，其次为草甸，R_f 值为 33.71%，说明这两种景观类型的面积最大；规划实施后的 2015 年，灌丛的 L_p 值减小到 34.13%，同时人工斑块的 L_p 值从 2005 年的 1.24%上升到 1.26%，其余各景观类型的 L_p 值无变化，说明规划实施后人工斑块面积的增加对整个景观比例格局无明显影响。

表 2-61　2005—2015 年甘孜州各旅游区景观生态类型景观比例的数值变化　　单位：%

景观生态类型	2005 年	2015 年	
	景观比例（L_p）	景观比例（L_p）	与 2005 年相比
阔叶林	6.22	6.22	0.00
针叶林	16.68	16.68	0.00
灌丛	34.15	34.13	−0.06
草甸	33.71	33.71	0.00
泥石滩植被	11.50	11.50	0.00
沼泽植被	0.14	0.14	0.00
无植被区	4.25	4.25	0.00
城镇	1.24	1.26	1.61

（4）景观优势度（D_o）

景观优势度（D_o）是反映各景观生态类型综合指标。从表 2-62 数据可知，2005 年甘孜州主要的景观生态类型中灌丛的 D_o 值最大，为 41.5%；其次为灌丛，达 43.22%；再次是草甸，为 36.7%。这说明灌丛和草甸的景观优势度较高，明显高于其他拼块类型，而人工景观的景观优势度仅为 4.4%。

在规划实施后的 2015 年，大部分天然植被斑块的景观优势度略有下降，但幅度很小，而城镇等人工斑块的景观优势度增加了 4.1%。优势度的变化说明规划实施后灌丛、草甸、针叶林、阔叶林的面积将减少，从而导致景观优势度下降，但下降幅度极小，原有的以灌丛和草甸为主的总体特征没有发生变化，对整个具有动态控制能力的植被组分影响较小，对自然景观体系中模地组分自身的异质化程度影响不大。因此，总体而言旅游规划的实施对甘孜州各旅游区及整个甘孜州的景观体系影响不大。

表 2-62 2005—2015 年甘孜州景观生态类型景观优势度的数值变化 单位：%

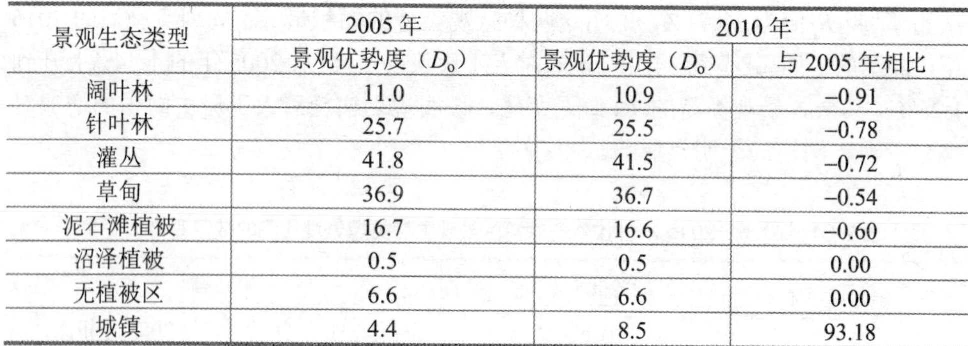

景观生态类型	2005 年	2010 年	
	景观优势度（D_o）	景观优势度（D_o）	与 2005 年相比
阔叶林	11.0	10.9	−0.91
针叶林	25.7	25.5	−0.78
灌丛	41.8	41.5	−0.72
草甸	36.9	36.7	−0.54
泥石滩植被	16.7	16.6	−0.60
沼泽植被	0.5	0.5	0.00
无植被区	6.6	6.6	0.00
城镇	4.4	8.5	93.18

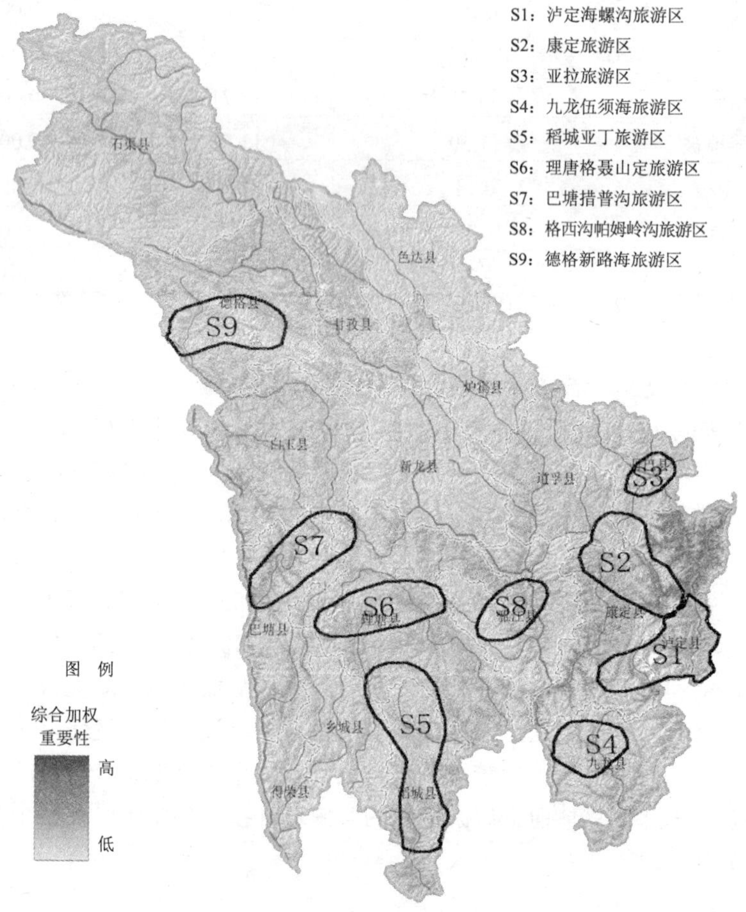

图 2-10 甘孜州规划旅游区生物多样性加权指数分布

8.2 对栖息地影响分析

8.2.1 对栖息地的占用影响

旅游发展规划涉及的各项目中，对栖息地的占用影响主要集中在各景区建设规划中旅游中心楼、接待处、停车场等建筑修建和内外交通和游览道路建设用地。总体上这些设施建设占用的土地相对整个旅游区而言较小，但多较为集中。建设中占压和改变局部区域地表形态，将减少动植物的栖息地面积。

场地狭窄地区和部分道路的建设涉及边坡开挖，若开采边坡处理措施不当，边坡失稳，可能引发水土流失，从而导致景观破坏、植被损失及动植物生境条件改变。

8.2.2 对栖息地的污染影响

旅游业总体上是绿色产业，但游客聚集的区域也会产生一定的污染影响。随着旅游业的发展，游客、车辆及相关物资等大量进入旅游区，造成部分区域有可能发生水质、大气和固体废弃物污染，从而对栖息地造成不利影响，同时也对旅游资源本身造成破坏。

旅游发展的污染影响主要表现在水质与固体废弃物污染方面。由于用水需求增长，景区内的自然水体被开发为生产和生活用水，从而改变了自然水体的分布状态，影响旅游资源的观赏价值。同时，生产和生活污水排放量增加，污水若未经有效处理而排放，将污染水体和土壤。固体废弃物的增加，尤其是一些难以降解的生活垃圾，如不进行妥善处理，也将对栖息地造成不利影响。

本区域旅游活动产生的污水和固体废弃物虽然从总量上看很少，但由于其产生区域相对集中，加之本区域生物多样性丰富，对环境质量要求较高，因此在旅游发展中必须注重对栖息地的污染影响，对游客聚集区域的污染物采取必要的处理措施。

8.2.3 对关键栖息地的影响分析

根据本阶段收集的资料进行区位关系分析，各旅游区涉及全州境内的 11 个自然保护区、2 个风景名胜区和部分国家森林公园、国家地质公园等（详见表 2-63）。

这些敏感区域，尤其是自然保护区内生物多样性丰富，且分布多种珍稀保护野生动植物，其核心区和缓冲区多为关键栖息地。旅游规划中各景区景点的开发须遵循自然保护区管理条例等相关法律法规的要求，避免在核心区等敏感区域内进行开发建设，并控制游客的活动范围。旅游规划对自然保护区等敏感区域和其他关键栖息地的结构及功能的影响评价，尚需进一步明确各景区与上述敏感区域的区位关系。

表 2-63 规划景区与敏感区域的关系

规划旅游景区	涉及的自然保护区	涉及的风景名胜区	涉及的其他敏感区域
贡嘎山—海螺沟	贡嘎山自然保护区实验区	贡嘎山风景名胜区Ⅱ、Ⅲ级及外围保护区	泸定海螺沟森林公园、海螺沟国家地质公园
康定—跑马山—木格措—塔公	贡嘎山自然保护区实验区、四川金汤孔玉自然保护区	贡嘎山风景名胜区Ⅲ级、外围保护带	四川荷花海森林公园
亚拉	莫斯卡省级自然保护区、莫尔多山自然保护区、党岭自然保护区		
九龙—伍须海	四川省洪坝自然保护区、	贡嘎山风景名胜区Ⅱ、Ⅲ级保护区	
稻城—亚丁	亚丁国家级自然保护区实验区、海子山国家级自然保护区	稻城亚丁风景名胜区Ⅱ、Ⅲ级保护区	
理塘—格聂山	海子山国家级自然保护区		
巴塘—措木沟	措普沟自然保护区		四川措普沟森林公园
格西沟—帕姆岭			雅江庆达沟森林公园
德格—新路海	四川新路海自然保护区、阿木拉野生动物自然保护区		

8.3 对陆生植物的影响

旅游发展对植被的影响主要发生在景区建设规划中旅游中心楼、接待设施、停车场等建筑修建和内外交通及游览道路的建设过程中。场地开挖、各类建筑和道路的建设、相关辅助设施建设等工程的施工过程中均要进行植被清除和地表开挖，从而对区内地表植被造成直接的影响破坏；施工过程中工程和运输机械的运行、人员践踏、临时占地等也将使植被受到不同程度的破坏。甘孜州旅游发展规划中涉及的各类建设项目占地面积总计约为 20 万 m^2（不含道路），占甘孜州森林、灌丛等植被分布总面积的比例很小，因此旅游项目建设对陆生植物的影响较小。在旅游区项目建设后期，均会采取一些景区景观恢复和美化措施，还可以在一定程度上恢复这些区域的植被覆盖率。

旅游发展中各项旅游活动的增加也会对陆生植物产生一定的不利影响，主要表现在游客增加后在游览中可能出现的一些不规范行为，以及由于人员、物资交流增多后外来物种入侵的风险。相对来说旅游活动对陆生植物的影响程度更小，但可能影响的范围则较大。

根据甘孜州物种多样性情况调查结果及《四川省甘孜藏族自治州旅游发展总体规划》，规划各景区均为物种多样性相对较丰富的区域，因此区内植物物种较多，且包括甘孜州多数的保护植物，如独叶草（*Kingdonia uniflora*）、高寒水韭（*Isoetes hypsophila* Hand.-Mazz.）、山莨菪（*Anisodus tanguticus*）等。在旅游设施、道路等项目建设中，须对这些植物进行详细调查和甄别，在项目选址和选线中避开保护植物分布区域。

8.4 对陆生动物的影响

8.4.1 旅游区陆生动物的分布

（1）两栖动物

根据甘孜州物种多样性情况调查结果及《四川省甘孜藏族自治州旅游发展总体规划》，规划旅游区内共有两栖动物 13 种，其中处于濒危以上的有 4 种，包括花齿突蟾（*Scutiger maculatus*）、普雄齿蟾（*Oreolalax puxiongensis*）、双团棘胸蛙（*Paa yunnanensis*）、木里齿突蟾（*Scutiger muliensis*）等。其中花齿突蟾属于极危物种，主要分布于丹巴、道孚、康定地区，其余 3 种属于濒危物种，主要分布于九龙地区。

（2）爬行动物

根据甘孜州物种多样性情况调查结果及《四川省甘孜藏族自治州旅游发展总体规划》，规划旅游区内处于濒危以上的爬行动物为莽山烙铁头（*Ermia mangshanensis*），保护级别为极危，主要分布于甘孜州的康定、泸定地区。

（3）鸟类

根据甘孜州物种多样性情况调查结果及《四川省甘孜藏族自治州旅游发展总体规划》，旅游区内处于濒危以上的鸟类有 2 种，分别为中华秋沙鸭（*Mergus squamatus*）和猎隼（*Falco cherrug*），保护级别为濒危，主要分布于甘孜州的东部地区。

（4）兽类

根据甘孜州物种多样性情况调查结果及《四川省甘孜藏族自治州旅游发展总体规划》，旅游区内处于濒危以上的兽类共 31 种，有 6 种属于极危保护级别，分别为荒漠猫（*Felis bieti*）、雪豹（*Uncia uncia*）、豹（*Panthera pardus*）、金猫（*Catopuma temminckii*）、大长尾鼩（*Soriculus salenskii*）、矮岩羊（*Pseudois schaeferi*）。

8.4.2 旅游发展对陆生动物的影响

旅游发展中各项建设活动对陆生动物的影响主要为建设期的惊扰和少量栖息地的破坏。各种陆生动物均有一定迁徙能力，其中非两栖动物鸟类、兽类和爬行类的迁徙能力均较强；两栖类迁徙能力相对较弱，对湿地环境的依赖性较强。因此在各类建设的选址中应尽量避开陆生动物较集中的主要栖息地，尤其是两栖类分布较多的湿地环境附近。建设活动影响仅局限于较短的建设期内，总体上对陆生动物影响较小。

各类旅游道路在车辆、人员活动频繁时，将使陆生动物的生境产生分割，并影响动物的觅食和迁徙路线。因此，景区外交通车辆道路的建设应严格按照规划实施，避免新增过多干线，各景区内则尽量避免修建行车道路，旅游步道的建设则应与当地环境统一，尽量减少对陆生动物生境的干扰。

8.5 对鱼类资源的影响

根据对甘孜州鱼类现状的分析可知，在金沙江、雅砻江、大渡河流域有长丝裂腹鱼、重口裂腹鱼、中华鮡、青石爬鮡等四川省省级保护鱼类及长江上游特有鱼类分布，干流是物种多样性集中区域。

根据《四川省甘孜藏族自治州旅游发展总体规划》，旅游规划中基本无水域旅游内容，因此旅游开发对鱼类资源没有直接的不利影响。旅游规模扩大后随着旅游者与相关服务人员人数的增加，对食用鱼类的需求也相应增加，如管理不善，可能造成违规捕鱼等情况的增加，威胁到珍稀鱼类的生存。对此主要应采取加强渔政管理和相关保护宣传工作等对应措施。此外，旅游区局部水体污染也会对鱼类资源造成不利影响，但其影响程度和范围均较小，在采取必要的污水处理措施后可予以减免。

8.6 对遗传多样性的影响

根据对甘孜州景观生态体系阻抗稳定性的影响分析可知，甘孜州境内草甸和灌丛面积最大，景观优势度也最高；通过对甘孜州植被类型分析可知，草甸和灌丛的连通性也很好，有利于生物的基因交流。

根据《四川省甘孜藏族自治州旅游发展总体规划》，甘孜州各旅游区开发后，区内旅游线路的增加和旅游活动强度的增大将使一些生态走廊的连通性降低，使得生态体系的斑块数量增加，对遗传信息的交流产生一定障碍。

8.7 生物多样性风险分析

旅游发展对本区域生物多样性带来的风险主要为外来物种入侵。

由于甘孜州及规划旅游区域范围较广阔，具有多种多样的生态系统，因此也存在适宜多种有害外来物种生存繁殖的空间。目前甘孜州除主要城镇及交通道路附近外，大部分区域受自然条件和交通条件限制，其进入性较差，人类活动和进入的频率较低，通过人类活动有意或无意引进外来物种的可能性都很小。随着旅游开发程度的增强，游客、相关服务人员等外来人群的数量将明显增加，人类活动的范围也随着景区的开发而明显扩大，这些变化都将增加通过人类活动引进外来有害物种的风险。

在目前的外来物种入侵预防手段中，经人类活动无意引进外来物种的控制难度很大，主要通过建立外来有害物种风险评估机制以及相应的跟踪监测进行防治，但无意引进有害外来物种的可能性也相对较小。出于美化环境、食用、发展相关产业等目的而有意引进外来物种的可能性更大，且这些外来物种很少经过评估，其中一部分可能成为有害外来物种而对本地区的生物多样性构成威胁。在目前外来物种评估机制和手段尚显不足的现状条件下，在旅游发展过程中，应尽量避免因景观美化、提供游客饮食、休闲娱乐等原因而盲目引进外来物种。

9 其他环境影响分析

9.1 生态影响分析

规划实施除了前文所述对生物多样性的影响之外，规划项目的实施和运营对项目所在区域的动植物均存在一定的影响，下面分别从项目的施工期和运营期对动植物的影响进行分析。

9.1.1 规划项目施工期影响分析

规划项目施工期对动植物的影响主要表现为施工期占地，在项目区建设的各个区域，由于占地、场地平整和开挖，将使评价区范围内一些植物的个体随着工程施工而消失。同时，项目建设期间还可能存在的潜在影响是由于大量人员流动所带来的外来物种入侵问题。

对野生动物的影响主要表现为项目的施工可能会导致动物栖息地受到破坏，阻断动物运动路线，运营时机械噪声、游客声音等对动物的不良影响等方面。从整体上说，规划景区的建设将使动物的栖息地和活动场所缩小，如小型穴居兽类和爬行类的洞穴、鸟类巢区的生境遭到破坏后，少数动物的繁殖将有可能受到一定影响。结果迫使原栖息在这一带的动物迁往其他生境适宜的地区，但不会导致任何物种的消失。两栖类动物也会受到一定影响，种群在一段时间内将会有大的波动。最后随着工程建设的结束，生态环境逐渐恢复，种群又会得以恢复或略有增长。

此外，项目建设期，施工人员的行为对景区的生态环境也产生了一定的影响。施工人员不可避免地会产生生活污水与生活垃圾，这些污染物如果得不到妥善处置，将会对景区造成直接影响。生活垃圾的倾倒、丢弃，则将对地表植被、地表水、土壤造成污染。特别是部分生活垃圾，如塑料袋、泡沫饭盒等不可降解垃圾，会对生态环境产生长期的不利影响。生活污水污染物主要含COD、氮、磷等，直接倾倒入溪流、山泉，将会降低水环境质量。

但施工人员行为对生态环境的影响具有很大的不可预见性，施工人员的违法行为或者是环保意识淡漠，均可能导致如下行为：

（1）对施工设计范围外的植被造成破坏，如随意踩踏损毁植被、采草药，砍伐树木作为烧柴或施工用料。

（2）对发现的野生动物进行驱赶、惊吓、捕杀，在保护区内设置捕兽器。

（3）未经许可进入保护区的核心区和缓冲区。

（4）在林区内用火。

这些行为均会造成较严重的后果。植物及动物数量减少，降低生物多样性；还可能造成森林火灾，水土流失，动物生存栖息环境被破坏等不良后果。尤其对于数量本来就较为稀少的珍稀保护动植物，一旦被破坏、捕杀，造成的影响更大。

这些不利影响直接与建设单位和施工承包商的管理力度有关。在严格的管理制度下，进行有效的监督，并对施工人员进行法律教育和环保培训，这些影响可以降低到最小。因此施工期间人员行为对生态的影响主要取决于管理的好坏。本次评价将对此提出相应的保护措施（详见后述），在这些措施得以落实后，项目施工期间人员行为对生态环境影响很小。

同时，施工材料运输对景区的生态环境也会产生一定的影响，主要体现在运输人员对沿途植被的踩踏，对妨碍运输的植物枝叶的削除，可能使得草本类和亚高山草甸局部死亡，部分树木枝叶受损，沿途土壤土层变薄，部分岩石裸露，导致轻微的水土流失及生物量减少。但这种影响仅在施工期间存在，并且影响范围仅局限于运输道路，施工结束后该道路区域即处于封育状态，受影响的区域可逐渐恢复，对评价区和整个保护区的生态环境的不利影响并不显著，但是必须禁止增加或另辟新的运输线路。

9.1.2 规划项目运营期影响分析

大量游客的进入将对景区的植被造成一定程度的影响，在运营期间，由于旅游人员的增加，加大了植物物种的威胁。若管理不善，对区域内的植物物种，特别是一些资源性植物将造成较大影响。并且人员的增加，也增加了火种来源，对区域内植物是一大威胁，同时也加大了区域内管理的难度和压力。

游客在观光过程中，是游移的个体，其产生的生活污水及生活垃圾，如沿途随意抛弃，对评价区乃至整个景区的地表植被、水环境、土壤等都会造成不利影响。游客的游览活动不可避免地会对地表形成踩踏，使该区域土层变薄，地表植被损伤或消失，生物多样性下降。且一旦被破坏后很难恢复，某些植被极有可能就此消失。

部分游客可能会攀折花朵、树枝，尤其是花叶艳丽的植物，易使其生长受阻，个别植株会逐步萎缩、死亡致使生物量减少；或是因惊吓追赶、捕捉野生动物，使动物逃窜甚至从保护区迁移，导致种群数量下降。此类游客行为将导致保护区内动植物生境受到影响，生物多样性降低。

同时，管理和维修人员的行为对生态环境也存在潜在的影响。管理人员和维修人员的工作行为本身对评价区生态环境影响很小，但如不严格遵守相关的保护管理条例，管理人员和维修人员自己在保护区内随意排放生活污水、生活垃圾，任意踩踏、挖掘、砍伐保护区的地表植被、珍稀保护植物，惊扰、捕杀野生动物等，将对评价区造成长期的、严重的影响，导致保护区水质、土壤均受污染，生物多样性迅速下降。必须对管理人员和职工进行全面的环保教育，提高环保意识，并在相关管理部门的监督下，如违反管理规定或条例则必须受到处罚。在管理人员和维修人员具备良好职业道德和环保意识，并受到监督、管理和限制后，对生态环境的影响很小。

9.2 废气、废水、噪声和固废环境影响分析

9.2.1 建设期间废气、废水、噪声和固废环境影响分析

（1）景区规划建设项目的工程施工期一般没有固定大规模的废气排放源。自由燃油施工机械会产生少量的废气，但由于景区环境空气现状质量较好，这些施工机械产生的废气不会对大气环境造成重大污染，并随着施工结束影响相应结束。

（2）施工期将产生一定量的施工废水，主要是施工人员的生活污水以及相应的施工废水，如不进行合理的处置，任意排放，将会对景区内的水体产生一定的影响。

（3）施工期会产生大量的建筑垃圾、生活垃圾。如果这些固体废弃物没有及时清运，污染物随着淋溶逐步释放污染物，对景区的土壤、水体和景观将造成负面影响。必须采取严格的措施，对施工产生的固体废弃物进行妥善的处理。

（4）施工期因施工需要，将会有一定数量的施工机械进入景区，施工机械产生的噪声将会对景区内部分动物的活动产生一定的干扰，但是随着施工结束，这种影响将随之消失。

9.2.2 运营期间废气、废水和固废环境影响分析

运营期的废气、废水和固体废弃物主要是来自于进入景区观光的旅客以及景区工作人员的日常生活和管理活动。一般而言，上述污染物的产生和排放对景区环境都将产生一定的影响，但是由于上述污染物的产生量有限，在采取有效的管理措施和配套建设处理实施的情况下，加强管理，可以避免上述污染物对景区的环境产生不利的影响。

9.3 社会环境影响分析

9.3.1 社会影响评价

（1）改变经济结构与增长方式

规划涉及的四川省甘孜藏族自治州是以藏民族为主体的少数民族聚居区。截至 2005 年末，全州总人口 915 507 人，其中藏族 722 978 人，占 78.97%；汉族 161 076 人，占 17.59%；彝族 25 396 人，占 2.77%；其他民族 6 057 人，占 0.66%。全州人口密度为 6.0 人/km^2。

由于受地理位置、自然条件以及历史因素等制约，区域社会经济总体欠发达，经济以牧业和农业为主。因地处高原草甸植被区，居民以藏族为主，传统的畜牧业在第一产业中占了相当大的比例，故本区为四川重要的畜牧业基地之一。由于规划区内自然保护区及风景名胜区广布，生态环境脆弱，故对工矿建设项目的发展具有较大限制，区域内基础设施建设及工业发展落后，基本无大型工业企业分布。但区内人民群众生活水平需要提高，经济需要发展，这就与自然保护区的保护要求产生了矛盾。同时现有的农牧业生产及场镇生活污染已经对当地的自然生态环境造成了一定压力。

因此，在当地发展生态旅游是促进社会、经济发展的重要途径。本次旅游总体规划，通过对重点景区建设、基础设施建设等项目投入，提高了景区的可进入性，并加快了该区的城镇化建设，完善了各旅游县、乡、镇的市政功能，使之具有一定的接待能力。对区域内产业结构调整，加快生态旅游业发展具有重要作用。

评价认为生态旅游总体规划的基本思路和发展目标与自然保护区总体规划保持了一致。在进行旅游发展的同时，注重了环境基础设施建设及自然生态景观的保持，在各旅游县、乡、镇的建设上，组织好环境景观，使之建设成为园林市镇。旅游开发的实施，必将发挥当地的旅游资源优势，成为新的经济增长点。

（2）增加当地社会就业

规划实施后，在建设阶段需要大量劳动力和建筑材料，这为地方和企业富余劳动力拓宽了就业机会，促进地方建筑业、交通、通信和服务业的发展。各项设施建成后，极大地提高了旅游的能力和档次，带动大量的人流、信息进入甘孜州，将有力推动地方相关行业和产业、产品结构调整。同时由于接待游客人数的增加，可增加大量的旅游行业直接从业人员，并带动宾馆、餐饮、娱乐及其他服务行业的发展，促进当地第三产业的发展。增加就业，减轻社会压力，有利于社会安定。

（3）城镇环保基础设施的完善

旅游开发客观上起到了推动甘孜州各县（乡、镇）城镇功能完善的作用。本次规划配套建设污水处理设施，并建设污水收集管网，对城镇生活污水进行集中处理，建设垃圾集中转运站。城镇环保基础设施的完善，不仅可以对旅游产生的污水垃圾进行处置，还将改变目前城镇生活污水、垃圾无序排放的现状。另一方面，随着规划的城镇景观体系的建设，甘孜州各县（乡、镇）城镇面貌将发生较大改观，构成风格独特的城镇景观视线。

9.3.2 经济影响评价

（1）经济发展

规划实施后，实现地区主导产业从传统农牧业为主向生态旅游业为主的转变，使旅游业成为甘孜州经济发展的支柱产业，并带动生态农业和工副业的发展。

（2）收入分配

旅游业的发展能给区域内自然保护区带来较多的经济收入，促进当地经济、社会的发展。但同时也可能会产生经济收入的不平衡，从而对保护区生态旅游产生负面影响。

规划实施初期，由于各类高级管理人员参加本区的建设，将带动本地区总的收入水平和消费水平；当地居民也可以从事各项建设工程项目的施工工作，从而获得经济收入。这两方面都会使本地区居民的生活水平有较大的提高。

旅游区形成接待规模后，本规划中提出在着重发展旅游业的同时，加快林业、生态农业的发展，并通过自身投资和引进外资相结合的方式，在各县（乡、镇）集中建设民间工艺品制作、土特产品加工厂。这些措施可以促进当地农村人力资源向特色民族手工业、服务业转移，有效防止收入分配的不平衡，切切实实地带动当地居民生活水平的提高。

9.3.3 宗教社会及活动影响评价

佛教在吐蕃时期（公元7—9世纪）从不同方向、不同时段多次传入了我国西藏地区，并经过与苯波教（俗称黑教）的长期斗争之后扎根西藏，形成藏传佛教。据调查了解，本次旅游规划涉及的区域属康巴藏区，具有重要的政治战略地位。本区域宗教社会活动及文化较丰富。规划方案实施过程中，大量技术人员、施工人员的进驻以及后期大量游客的进入，将把内地的各种生活习惯和娱乐方式以及思维观念等带到区内，这些生活方式与思想观念势必对本地区原有的宗教文化带来影响和冲击。这种影响需要在规划实施过程中予以重视。国家和地方各级政府须制定一系列关于加强非物质文化遗产保护的政策和措施，充分启发人民群众对区域非物质文化遗产的热爱，唤起人民群众对宗教文化的保护意识。

10 规划环境合理性综合论证

10.1 旅游环境容量合理性分析

根据甘孜州旅游环境承载力综合评价结果（详见本书实践篇第 6.3 节），总体上甘孜州旅游发展规划中设定的各阶段平均游客人数目标均小于本区域旅游环境承载力，因此规划的总体发展规模是合理的。但从康东旅游片区、康南旅游片区和康北旅游片区及各旅游景区的具体分析来看，其旅游环境容量的合理性则存在一定差别。

（1）康东旅游片区

按照旅游发展规划，本片区的康定、海螺沟等景区的旅游环境容量完全可以满足平时的游客规模，且存在较大的裕量。但根据近年来各现有景区旅游高峰期情况的预测，在旅游旺季及高峰期将发生旅游环境容量不能满足要求的现象，尤其是游客最为集中的康定—跑马山—木格措—塔公自然生态区，目前已存在高峰期景区游客拥挤、接待能力不足的现象。

（2）康南旅游片区

本片区各旅游区普遍特点为游览区广阔、游线长，同时由于距主要客源地路途较远，实际游客人数和规划的游客增长数也相对较少。因此按照旅游发展规划进行开发后，其旅游环境容量在平时和高峰期基本都可以满足游客数量的要求，发展规模合理。但本片区较容易出现旅游淡季有过多接待设施闲置的问题。

（3）康北旅游片区

本片区主要旅游景区为德格—新路海自然生态区。根据旅游环境容量分析结果，规划中本片区相关的旅游开发规模偏小，造成环境容量不足，不仅难以满足可能出现的旅游高峰期要求，并且按目前的规划水平推算，旅游环境容量也不能满足 2015 水平年平时的游客增长需要。因此需进一步优化旅游规划中本片区相关的内容。

10.2 规划空间布局的环境合理性分析

甘孜州旅游发展总体规划中对旅游区的空间布局以三个旅游片区为基础，即将区内景区划分为康东旅游片区（康巴风情与生态观光度假旅游区）、康南旅游片区（香格里拉生态旅游区）和康北旅游片区（康巴文化旅游区）。各旅游片区内各旅游景区的旅游资源特点具有一定共性，但其划分依据主要是从空间分布上进行的合理布局。

康东旅游片区距离内地主要客源地最近，景区景点开发、交通条件和现有旅游设施条件也最好，同时还具备环线旅游的条件，即熊猫生态旅游线西环线。划为一个片区可以作为甘孜州旅游发展的先期和重点发展区域，吸引客流，以带动其他片区的旅游发展。

康南旅游片区具有稻城—亚丁自然生态区这一优秀的旅游资源，同时有旅游南干线，即康定向西沿 318 国道线经理塘至巴塘和经理塘至稻城、乡城、得荣的道路贯通，旅游发展潜力很大。

康北旅游片区景区相对较少，但具有德格印经院等具有浓厚民族宗教色彩的独特旅游资源，同时有旅游北干线，即由康定经道孚、炉霍、甘孜至德格的道路贯通，具有发展文化特色旅游的有利条件。

甘孜州范围内各级自然保护区众多，旅游景区与自然保护区多有重叠，但根据旅游发展规划的要求，甘孜州旅游以发展生态旅游为目标，旅游开发可与自然保护区的功能协调一致。根据目前掌握的分区资料分析，各景区须进行的必要建设项目均未涉及自然保护区核心区，从旅游区与自然保护区等敏感区域的关系上分析，旅游规划的空间布局具有环境合理性。

10.3 规划优化建议

根据前述的旅游环境承载力综合评价结果，总体上甘孜州旅游发展规划中设定的各阶段平均游客人数目标均小于本区域旅游环境承载力，因此规划的总体规模较为合理。但是根据甘孜州旅游总体规划实施的回顾性分析，2006 年甘孜州旅游接待总人数达到了 294.7 万人次，旅游收入达到 20.9 亿元，已经超过了原规划中提出的 2015 年的规划目标。这说明原规划提出的规划目标过低，在规划修编时可以适当提高原规划的发展规模。但是各旅游片区的具体情况存在着一定的差别，针对规划各景区，特提出如下规划优化建议。

10.3.1 康东旅游片区

按照旅游发展规划，本片区的康定、海螺沟等景区旅游环境容量完全可以满足平时的游客规模，且存在较大的裕量。但在旅游旺季及高峰期将发生旅游环境容量不能满足要求的现象，尤其是游客最为集中的康定—跑马山—木格措—塔公自然生态区。对于在旺季及高峰期旅游容量不能满足要求的贡嘎山—海螺沟冰川公园，康定—跑马山—木格措—塔公自然生态旅游景区，建议加快周边或同类型景区的开发，以实现对游客的分流，或者通过限制门票供应数量等措施，以控制旺季和高峰期进入景区的游客数量。

10.3.2 康南旅游片区

本片区各旅游区普遍特点为游览区广阔、游线长，同时由于距主要客源地路途较远，实际游客人数和规划的游客增长数也相对较少，其旅游环境容量在平时和高峰期基本都可以满足游客数量的要求。但本片区较容易出现旅游淡季有过多接待设施闲置的问题。

针对上述情况，对于康南片区，可以适当提高规划目标，同时在该区域内加快基础设施建设，特别是主要交通设施的建设进度，如稻城—亚丁机场的建设，以解决游客进入困难、客源地路途较远等问题，但需要同时注意景区环保设施的建设。

10.3.3 康北旅游片区

根据旅游环境容量分析的结果，规划中本片区相关的旅游开发规模偏小，易造成环境容量不足，不仅难以满足可能出现的旅游高峰期要求，而且按目前的规划水平推算，旅游环境容量也不能满足 2015 水平年平时的游客增长需要。因此建议对该片区的旅游规划目标以符合片区的旅游环境承载能力为前提，进行适当调整。

11　规划环境保护对策及建议

11.1　规划景区建设项目选址的管理要求

11.1.1　自然保护区管理条例对规划景区的要求

《中华人民共和国自然保护区条例》第十八条规定："自然保护区内保存完好的天然状态的生态系统以及珍稀、濒危动植物的集中分布地，应当划为核心区，禁止任何单位和个人进入；除依照本条例第二十七条的规定经批准外，也不允许进入从事科学研究活动。核心区外围可以划定一定面积的缓冲区，只准进入从事科学研究观测活动。缓冲区外围划为实验区，可以进入从事科学试验、教学实习、参观考察、旅游以及驯化、繁殖珍稀、濒危野生动植物等活动。"

根据前述分析，本次规划的景区范围与部分自然保护区在空间上存在着重叠关系。规划景区内的部分建设项目可能会涉及自然保护区的范围，因此在下阶段工程建设和环评工作中应重视对保护区的环境保护，其工程布置、施工活动等应尽可能避开保护区。同时，要加强施工期间环境污染防治及环境管理工作，减免对保护区生态环境的影响。

11.1.2　风景名胜区管理条例对规划景区建设项目的管理要求

根据建设部《关于做好国家重点风景名胜区核心景区划定与保护工作的通知》（建城[2003]77 号）要求，禁止违反风景名胜区规划，在风景名胜区内设立各类开发区和在核心景区内建设宾馆、招待所、培训中心、疗养院以及与风景名胜资源保护和游览无关的其他建筑物。符合规划要求的建设项目，要进行科学的论证，并严格按照规定的程序进行报批。

根据上述规定，在规划景区的具体建设项目实施时，应严格遵守相关规定；在项目实施前，需进行科学合理的论证；在景区的核心区范围内，避免规划与风景名胜资源保护和游览无关的建设项目；重视对风景名胜区自然景观、民族风情和宗教文化的保护，加强施工期环境管理，尽可能减轻对风景名胜区的不利影响。同时，还应与风景名胜区行政主管部门及时沟通、协调，征得行政主管部门的批准。

11.1.3 地质遗迹保护管理规定对规划景区建设项目的管理要求

根据《地质遗迹保护管理规定》中第十一条保护程度的划分："对保护区内的地质遗迹可分别实施一级保护、二级保护和三级保护。"

一级保护：对国际或国内具有极为罕见和重要科学价值的地质遗迹实施一级保护，非经批准不得入内。经设立本级地质遗迹保护区的人民政府地质矿产行政主管部门批准，可组织进行参观、科研或国际间交往。

二级保护：对大区域范围内具有重要科学价值的地质遗迹实施二级保护。经设立本级地质遗迹保护区的人民政府地质矿产行政主管部门批准，可有组织地进行科研、教学、学术交流及适当的旅游活动。

三级保护：对具一定价值的地质遗迹实施三级保护。经设立本级地质遗迹保护区的人民政府地质矿产行政主管部门批准，可组织开展旅游活动。

根据上述规定，规划景区内的具体建设项目的选址如涉及地质遗迹，应进行合理论证，尽量避让地质遗迹的保护范围。

11.2 规划景区建设生物多样性保护对策措施

11.2.1 建设期

（1）在项目建设及运营过程中，根据植物的特性及受影响程度的不同而采取不同的保护措施。对国家珍稀保护植物及区域特有种，应在开工前拍摄照片，供施工人员识别。在施工过程中必须有目的地保护环评报告中已列出的国家珍稀保护植物及区域特有植物。

（2）旅游接待酒店及别墅式宾馆应建设在乔木层稀疏的林缘或林窗地段，减少对原有林地乔木层的破坏。使用当地的建筑材料修建旅游石栈道和观景亭，游道应绕开森林密度大的区域，路旁的乔木植株应予以保留。

（3）在工程建设过程中，必须对建设区及其邻近区域内的保护植物严加保护；在进行施工时，可以先将受到破坏的植株移植到附近区域，以保护物种种质资源。旅游基础设施等建筑设施将永久占用一定面积的土地，并且会对周围一定范围内的植被造成影响；堆渣对植被的影响则更为直接。施工后期需对受影响的植被进行恢复，对基础设施永久性占地区及周边进行绿化、美化；对渣场等临时占地在工期结束后，应及时进行复耕、绿化或通过植树、种草等措施进行恢复，使本区域生态环境得以逐渐恢复和改善。

（4）项目建设时应计划出专门的资金，用于珍稀保护植物及评价区特有植物的保护措施。

（5）施工过程中，要严格按照设计施工，合理规划施工临时占地，尽量集中，避免分散设置，严禁超计划占地，不得对施工现场周边区域开挖、占压；避开有珍稀保护植物生长的地点。

（6）合理制定施工材料运输路线，尽量避让珍稀保护植物、减少沿途植株枝叶削减数量。该路线一旦确定，即作为施工期间的固定运输路线，不宜随意更改或新开辟运输路线。

（7）组织施工人员学习相关的环境保护法律、法规、条例，树立正确的环保观念，同时制定严格的施工人员管理规范及制度，明确禁止施工人员随意排放生活污水、生活垃圾；禁止超出施工范围破坏植被、砍伐树木；禁止惊吓、捕杀动物，破坏动物栖息环境。

（8）对各施工段进行承包，并建立严格的奖惩制度。对各施工单位应预扣环境保护风险押金，如对生态环境影响超出设计允许范围，应对其进行惩处，并依相关法规追究法律责任。

（9）成立专门的监理部门，配备监理人员，制定严格的监理制度，对施工全过程进行严格监督和指导。

（10）当地环保部门应当严格地对施工全程予以监督。

11.2.2 运营期

（1）严格限制旅游人员的活动范围，增加旅游巡查的频率和人员数量，编制游客管理细则。把旅客的旅游行为与旅游组织部门的经济效益挂钩，严格查处各种违规事件。

（2）制定严格的工作人员管理制度，要求索道管理人员和维修人员在工作过程中，应严格遵守相关的保护管理条例，如将生活污水、生活垃圾排放到指定地点；不任意踩踏、挖掘、砍伐保护区的植被，不随意攀摘枝叶、花朵，不惊扰、捕杀野生动物；及时清理各种生活污水与垃圾，运送到下部站处理；在发现游客有不当行为时应及时制止等。在旅游景区周边明确标注自然保护区的功能分区界线，禁止游客进入保护区的缓冲区和核心区。

（3）在旅游景区的周围竖立标志牌，明确标示出保护区功能片区的边界。自然保护区的缓冲区、核心区不得允许游客进入。

（4）定期组织工作人员学习相关的环境保护法律、法规、条例，树立正确的环保观念，同时制定严格的管理规范及制度。

（5）当地环保部门应当予以严格的监督。

11.3　景区环境污染减缓措施

11.3.1　大气污染减缓措施

整个旅游规划区未来发展空气污染防治以预防为主，通过使用清洁能源，最大限度地减少旅游带来的环境问题；强化管理，加强旅游汽车尾气控制与管理，确保环境目标的实现；通过发展旅游业促进环境与经济协调发展，保护环境空气质量。

（1）推广清洁能源

合理配置能源结构，推广使用清洁能源。形成以电为主，天然气为辅的能源结构，规划区内建设的旅游基础设施必须使用清洁能源（电能或天然气）。随着旅游项目的开展，各重要旅游集镇经济的发展，逐步以电能取代居民使用木材为燃料的情况。

（2）防止机动车污染

加强旅游车辆管理，限制尾气排放超标的运输车辆驶入旅游区，提高旅游区内道路的整体水平，保障道路畅通，减少汽车尾气排放总量。在干燥的天气洒水防尘，降低空气中 TSP 浓度。增加绿化率，防止局部污染，重点建设旅游基础设施周围的绿化系统，提高绿化覆盖率，改善局部的生态环境。

11.3.2　噪声污染减缓措施

（1）施工单位必须选用符合国家有关标准的施工机械和运输工具，尽量选用低噪声设备和工艺，并加强设备的维护和保养。

（2）合理安排施工时间，避免施工对珍稀保护动物造成影响；在车流量较大的居民集中区和学校设置标志牌或警示牌，采取限制车速、夜间禁止鸣笛等保护措施。

（3）敏感点的防护措施：施工运输车辆在经过各县（乡）学校及村镇时，应减缓车速，控制车流量；根据施工进度，合理安排运输时间，尽量减少夜间运输车辆。

11.3.3　固体废弃物污染防治措施

在景区向游客发放便携式布质垃圾袋，游客在景区活动时随身携带垃圾，出景区后将垃圾投入垃圾桶。同时，区内安排少量的管理监督人员，对游人行为加以监督，并随时捡拾部分游客不文明行为丢弃的垃圾，以行动教育游客。各景点产生的垃圾定期运送至垃圾中转站处理。

11.4　游客的管理和控制措施

11.4.1　严格控制游客数量

为了达到保护中开发的目的，首先必须符合规划对景区容量的限制。要想保护环境质量，就必须把游客数量控制在一定的限度内。根据沿线景区的生态系统承载量，出于生态保护的考虑，景区游人不宜过多。因此，还要适当考虑远景发展和节假日运输的不平衡性。其次确定各个季节、时段的游客容纳量。通过设计相对应的游览线路、游览时间，制订科学合理的游客接待计划，尽量使得游客到达沿线景区的时间和数量均衡分布，避免人员集中、大量到达对环境的强力冲击。在旅游旺季等必要时段，以提高票价、分时票价等手段调控进入景区的游客量。

11.4.2 有效限制游客活动

游客对于生态环境的干扰和破坏程度有多大，取决于游客个体在景区内的活动方式。限制管理措施具体包括：

（1）功能分区。根据各景区的生态、景观保护的要求，设置相应的旅游项目。

（2）在景区休息处设少量垃圾桶，栈道和景区内严禁留下垃圾，通过导游押金、物品登记、广泛宣传、严惩重罚等措施让游客将垃圾带出景区。并定期清理垃圾。

11.4.3 加强对游客的宣传和教育

游客在风景区的旅游既是一种放松身心的休息活动，同时又是一种认识自然、了解自然的旅游方式。通过多种方法对游客进行大量的生物多样性保护宣传和自然生态科学普及教育，一方面强化了资源的管理，另一方面也激发了公众的自然保护意识。

（1）在景区入口处通过声、光、电多媒体方式介绍、展示景观，宣传自然保护，明示规章对游客进行旅游安全教育，并采取稳妥有效的安全防范措施。

（2）在入口明显位置设置广告牌，在游客排队通道两侧张挂宣传品，在门票上印刷提示事项。

（3）沿景区游览路线悬挂标志牌，标志牌可分为几类：一类说明景区特征，介绍该处景点的科学价值，提示游客欣赏自然环境和美景；一类明确行为准则，例如禁止攀爬、禁止扔垃圾等；一类标示位置，提供道路地图和距离长度，指示交会处的方向。

11.5 环境保护管理计划

工程开工建设期间，工程建设管理单位应建立工程环境保护领导小组，全面领导施工阶段的环境保护工作，认真落实工程的各项环保措施、环境监理制度、环境监测计划，并建立健全各项劳动安全保护措施和卫生防疫措施，满足当地环保部门针对工程建设制定的环境标准和工程竣工验收要求。领导小组长由一名工程副总指挥兼任，并聘请地方环保部门的管理人员作为顾问。领导小组成员中应有一名施工监理人员，其主要职责是监督施工期间各项环保措施的落实情况，将环保工作真正纳入施工监理内容之中。

11.5.1 工程环境管理的内容

建立环境保护管理机构，根据工程环境影响评价中提出的施工期和运行期环保措施，落实环保经费，实施环境保护对策措施；协调政府环境管理与工程环境管理之间的关系。

用技术手段对工程建设所影响的主要环境因子进行系统的监测。通过定量化的分析比较，掌握环境质量的变化过程，为具体实施环境保护措施和采取某些补救措施提供依据和基本资料。

11.5.2 工程环境管理机构的设置及主要职责

工程环境管理工作由工程建设单位（业主）负责，其环境管理机构由专职或兼职人员组成；工程施工单位按建设单位要求实施环境保护措施；工程设计单位提供技术咨询；工程施工监理单位监督环境保护措施实施情况。

（1）工程建设单位

具体负责从开始施工至投产运行后的一系列有关的环境保护管理工作，落实环保工作经费，对施工期和运行期环保工作进行管理和监督，并负责与政府环境主管部门联系和协调，落实环境管理事宜。其具体工作内容为：

① 施工期

- 工程环境保护设计内容和招标内容的审核；
- 对和工程监理单位有关的监理工程师进行环保工程监理培训；
- 制订年度环保工作计划；
- 环保工作经费的安排和审核；
- 监督承包商的环保对策措施的执行情况；
- 安排环境监测工作。

② 运行期

- 制订年度环保工作计划；
- 落实环保工作经费；
- 同其他有关部门协调工作关系，安排环境监测工作。

（2）工程施工单位

工程施工单位内部应设置环境保护兼职机构和人员，具体负责实施招标文件中规定的环保对策措施，接受工程建设单位和工程监理单位的监督和管理。其主要内容为：

- 制订年度环保工作计划；
- 实施工程环保措施，处理实施过程中的有关问题；

• 核算年度环保费用的使用情况；
• 检查环保设施的建设进度、质量、运行状况；
• 处理环境管理日常事务。

（3）工程设计单位

工程设计单位负责解释工程可行性研究设计报告有关环评和环保措施的规划设计文件。在工程施工阶段或运行阶段，工程设计单位可为建设单位和施工单位提供技术咨询。

（4）环境管理计划

结合旅游行业特点，将环境管理计划重点列于表 2-64。

表 2-64 项目环境管理计划重点内容

阶段	管理内容	监督目的
设计阶段	审核环保初步设计 是否设计确定材料运输路线 是否设计确定施工场地 环保投资是否到位	严格执行“三同时”和环保措施 确保环保投资到位
施工阶段	检查施工前期珍稀濒危植物调查工作是否到位，设计路线修订情况 对照施工前期的保护物种档案和布置图检查施工场地地表植被保护措施（避让、移栽）落实情况 检查施工现场布置是否集中合理，是否在指定位置内堆放材料，是否超计划占地 检查施工人员行为 检查施工材料运输路线是否严格按照环保要求 是否组织施工人员学习相关的环境保护法律、法规、条例 检查景区设施外部色彩 施工生活垃圾、污水等是否集中于处理，运出保护区外	落实施工范围内珍稀濒危植物分布情况，确保设计路线最优化 确保建设施工不砍伐树木，不损伤、清除珍稀保护植物 确保临时占地合理，避开有珍稀保护植物生长的地点 确保施工人员行为符合自然保护区管理条例，无污染物在保护区内排放 确保生态、水土等的保持 确保施工人员环保意识 确保景观影响措施落实 防止施工期“三废”污染
营运阶段	景区管理运行合理 环保厕所是否到位、垃圾收集和运输条件是否健全 是否有工作人员或游客未沿指定线路在地面徒步穿行 景区工作人员和游客是否有违反自然保护区规定的行为 是否竖立自然保护区核心区警示牌 是否建立环保机构 现有景区地表植被恢复情况	防止砍伐树木，损伤、清除珍稀保护植物 保护区内禁止“三废”排放 避免对植被遭成破坏 减少对保护区的干扰 禁止工作人员和游客进入核心区 落实环保机构 促进现有景区环保

12 公众参与

12.1 公众参与的目的与原则

2003 年 9 月实施的《中华人民共和国环境影响评价法》第二章第十一条规定："专项规划的编制机关对可能造成不良影响并直接涉及公众环境权益的规划，应当在规划草案报送审批前，举行论证会、听证会，或者采取其他形式，征求有关单位、专家和公众对环境影响报告书草案的意见。"

甘孜州旅游开发总体规划的实施，与规划覆盖区域公众的生活和工作息息相关。在规划阶段，开展公众参与，使公众充分了解规划的有关情况及其可能产生的环境影响，充分听取公众的意见和建议，尊重公众的权利，维护公众的利益，争取公众的理解和支持。同时，为公众提供一个参与规划编制的平台，加强公众、规划编制部门、相关单位和环评单位的多项信息交流，弥补规划及其环评可能出现的疏漏，提高规划所确定的为削减负面影响而采取的各种措施的公众可接受性，使规划环评工作更加科学、客观和公正，提高评价的有效性，促进规划决策和设计更加完善、合理，从而最大限度地发挥规划的综合效益。此外，由于本次规划环评的实施区域主要集中在少数民族聚集、交通通信欠发达的地区，规划层面的公众参与尚处于探索和尝试阶段。《四川省甘孜藏族自治州旅游资源总体规划（2005—2015）环境影响评价报告书》公众参与的顺利实施，将成为规划区规划环评公众参与的有效尝试，并将为其建立长效公众参与机制提供参考，为国内其他类似地区提供示范性经验。

旅游开发规划具有系统性、地方性等特点，其所产生的环境影响具有潜在性、间接性、宏观性。鉴于旅游开发环境影响的特征，根据《规划环境影响评价条例》及《环境影响评价公众参与暂行办法》，本次公众参与确定了以下工作原则：

（1）体现公众知情权，维护绝大多数公众利益，提高公众保护环境的参与意识。

（2）让公众了解本规划在建设期和运营期可能产生的环境影响，包括正面和负面的。

（3）综合反映公众对规划可能产生的环境方面影响的意见和建议，以及对当地经济建设和生活方面影响的态度。

（4）公众参与对象应具有代表性、公正性，参与方式公开。

12.2 公众参与对象和内容

由于本项目属于示范项目，具有一定的科研性与创新性，加之国内相关工作开展较少，群众的认知程度和关注程度均不是很高。为此，在本项目公众参与方案的制订过程中，充分考虑了上述情况及规划区公众的具体特点，将使目标公众群顺利、直接地获取有关信息为根本目的，主要采取了发放调查表、入户调查和召开座谈会等形式，向公众直接传达规划和规划环评的详细信息。

12.2.1 公众参与对象

鉴于旅游开发总体规划专业性较强、涉及区域相对局限和普通公众关注度较低等特点，同时充分考虑甘孜州政府富民安康的政策，本规划环评中公众参与的对象以受规划直接影响的当地居民、甘孜州相关企事业单位和社会团体、甘孜州和四川省相关政府部门、四川省相关研究机构的专家为主。

（1）生活在景区周围，可能受到影响的公众。

根据规划范围和规划内容、区位地域特点和公众分布情况，当地居民代表将主要从康定、稻城、泸定、九龙、丹巴、巴塘、白玉等7个县产生。

（2）相关企事业单位和社会团体。

甘孜州相关企事业单位和社会团体重点侧重于与旅游开发有关的企业和行业协会等组织。

（3）相关政府部门。

甘孜州和四川省相关政府部门主要涉及省、州和涉及区域的发展计划局、建设局、旅游局、环保局、交通局、林业局、文化局、水利局等单位。

（4）相关研究机构的专家。

由于旅游开发总体规划专业性较强，本次规划环评公众参与工作中，就一些潜在环境影响的性质、范围和特点等相关信息向四川省相关研究机构的专家进行咨询，征询各位专家的意见。

（5）其他感兴趣的个人或团体。

关心甘孜州旅游规划的所有公众。

12.2.2 调查内容及方式

公众意见调查的原则是广泛收集各方意见，重点了解目标公众群的观点，保证规划环评过程中公众沟通渠道的畅通。具体的调查方法包括：

（1）书面问卷调查：本次公众参与书面问卷调查共开展了两次，分别为 2009 年 4 月 20—27 日（共 8 天）和 5 月 17—27 日（共 11 天），共发放调查问卷 100 份。以开放式问题为主，结合少量满足评价需要的封闭式问题，重点面向受过一定教育的居民代表，如学校师生、寺庙僧人、村干部和有文化的村民等；主要目的是了解当地居民对规划的了解程度、所关注的重点环境问题；收集规划环评的现状资料，尤其是生物多样性信息等。

（2）入户调查：入户调查是书面问卷调查的必要补充，将围绕问卷调查的内容展开。一方面收集没有能力填写调查问卷的居民的意见，另一方面，针对书面问卷反映的重点问题进行补充调查。

（3）座谈会：主要用于了解有关单位和专家的意见。根据实际需要，也可考虑召开具有较高权威性或能够充分代表民意的公众代表的座谈会。

公众参与入户调查及座谈会现场照片参见图 2-11 至图 2-13。

图 2-11 项目组进行景区藏族居民入户调查

图 2-12　项目座谈会在稻城县人民政府会议室召开

图 2-13　稻城县环保局的代表就规划方案及其环境影响发表看法

12.3　公众意见的落实与反馈

从本次规划环评报告书编制的不同阶段，以及相应各阶段公众参与工作的对象、形式等，分析归纳、总结公众参与意见和建议，主要包括调查表、座谈会等方面。规划涉及的各地区参会代表及调查对象对本次旅游规划环境影响评价工作给予了充分的肯定，一致认为通过公众参与工作使规划涉及区域广大公众对整个旅游规划工作有了一个较全面的、动态的了解，同时，公众所关注的环境问题也得到了较好的沟通和解决，对指导甘孜州生态环境保护工作，确保旅游开发与环境保护的协调发展具有十分重要的意义。

12.3.1　调查表结果统计分析

课题组通过访谈、问卷等方式共向甘孜州各相关部门工作人员发放调查表格70 份，收回有效调查表格 66 份。据统计，共有 66 人参加了该项活动。参与对象最大年龄为 62 岁，最小年龄 24 岁，其中汉族占 55%，藏族 38%，参与者的文化程度以本科（大专）以上学历者居多，占 95%。公众参与调查问卷样表见附录 2，被调查者的情况详见表 2-65，公众参与社会调查统计结果表 2-66。

表 2-65　甘孜州旅游开发总体规划环评公众参与调查对象基本情况统计（部门代表）

调查项目		调查结果/% （占调查总数的百分比）
年龄	① 30 岁以下	14
	② 30～39 岁	35
	③ 40～49 岁	36
	④ 50 岁以上	11
民族	① 汉族	55
	② 藏族	38
	③ 彝族	0
	④ 其他	3
职业	① 干部	95
	② 工人	1.5
	③ 农民	1.5
	④ 个体户	
	⑤ 其他	1.5
文化程度	① 大、中专以上	95
	② 高中	
	③ 初中	5
	④ 小学及小学以下	

表 2-66 甘孜州旅游开发总体规划环评公众参与调查结果（部门代表）

序号	调查项目		调查结果/%（占调查总数的百分比）
1	您认为本规划的必要性	①十分必要	76
		②有必要	23
		③无所谓	1
		④不必要	0
2	您对甘孜州各重要旅游区和旅游景点的环境现状是否满意	①很满意	17
		②较满意	52
		③不满意	11
		④很不满意	6
3	您认为规划对当地经济发展的影响如何	①有利	100
		②不利	0
		③无影响	0
4	您认为规划对甘孜州民族宗教文化的影响如何	①有利	66.7
		②不利影响但可以通过措施弥补	19.7
		③不可弥补的不利影响	0
		④无影响	10.6
5	您认为规划会给甘孜州环境带来什么影响	①有利影响	31.8
		②不利影响但可以通过措施弥补	60.6
		③不可弥补的不利影响	3
		④无影响	4.5
6	您认为旅游区附近是否有珍稀濒危物种	①有	45.5
		②没有	12
		③不清楚	31.8
	如有，规划对其产生什么影响	①有利	21.2
		②较小的不利影响	31.8
		③较大的不利影响	13.6
		④无影响	3
7	您认为规划会给甘孜州生物多样性造成什么影响	①有利	15.2
		②较小的不利影响	69.7
		③较大的不利影响	4.5
		④无影响	6
8	您认为规划对甘孜州水资源、土地资源、林业资源等资源保护利用有什么影响	①有利影响	27.3
		②较小的不利影响	54.5
		③较大的不利影响	4.5
		④无影响	9

序号	调查项目		调查结果/%（占调查总数的百分比）
9	您认为规划对生活质量有什么影响	①有所提高	83.3
		②有所降低	7.6
		③无影响	4.5
10	您认为目前甘孜州旅游资源的开发程度怎样	①开发过度	6
		②开发不足	89.4
		③已达到恰当程度	4.5
11	您认为“5·12”大地震等突发事件对甘孜州旅游业造成什么影响	①明显萎缩	69.7
		②有所发展	3
		③无明显影响	24.2
12	您认为规划实施带来的主要环境问题是什么	①景区景点环境污染	65.2
		②区域生态环境质量下降	37.9
		③不利于自然保护区建设	18.2
		④生物多样性下降	36.4
		⑤影响本地民族宗教文化	9
		⑥公共服务设施资源紧张	34.8
13	您对本规划持何种态度	①支持	100
		②不支持	0
		③无所谓	0

经对调查结果进行归纳、整理可见，全部被调查者均认为旅游业的发展可以给当地经济带来好处，83%的被调查者认为旅游业的发展会提高他们的生活质量，近 90%的人认为甘孜州的旅游资源开发不足，所有被调查者均支持进一步发展甘孜州的旅游事业。以上结果说明当地大多数人支持规划的实施，盼望本地区丰富的旅游资源得到充分的开发，给当地经济和人民生活带来福利。

同时，通过分析统计数据，当地人民在支持旅游业发展的过程中也担心带来生态破坏、环境污染、宗教文化等负面影响。对甘孜州各重要旅游区和旅游景点的环境现状持较满意态度的人数占 52%，不满意的占 11%，很不满意的占 6%。此结果说明甘孜州各重要旅游区和旅游景点的环境现状可能存在污水随意排放、垃圾处理设施不完善等较容易发现的环境问题；对规划可能造成的生态环境问题的调查中，55%的被调查者认为规划对甘孜州水资源、土地资源、林业资源等资源的利用可能带来较小的不利环境影响，但是可以通过合理的措施避免或减缓；对规划可能对甘孜州生物多样性造成影响的调查中，70%的被调查者认为可能带来较小的不利环境影响，15%的被调查者认为对区域生物多样性保护是有利的；对于规划实施带来的主要负面环境问题，被调查者中65%认为规划实施会污染景区景点环境，37%认为不利于保护区的建设；34%的被调查者认为大量旅游人口的到访可能会造成区域公共服务设施资源紧张；在民族宗教文化的问题上，67%的被调查者认为规划的实施对民族宗教文化的发展传承是有利的，20%的被调查者认为大量旅游人口的到访可能会对民族宗教文化带来不利的影响，但通过合理的措施可以减缓这些不利影响。

以上分析说明大多数公众支持本规划，认为规划的实施会对当地的经济和人民生活带来实惠。同时，规划实施可能带来的生态破坏、环境污染、宗教文化等负面影响，应在规划实施过程中重点关注并予以解决。

12.3.2 座谈会意见与建议

项目组在进行问卷调查的同时，就规划环评报告书初稿在规划涉及的康定、稻城、泸定、九龙、丹巴、巴塘、白玉等 7 个县召开了公众参与座谈会，以便更进一步征求、考虑广大公众的意见与建议，以及社会各界的利益和主张。参会机构、部门和社会团体包括甘孜州政府、州发改委、旅游局、环保局、水利局、交通局、国土局、林业局、规划建设局等，经认真、热烈的讨论，会议达成了共识并形成了会议纪要，详见附录 3 至附录 7。

经分析总结座谈会结果表明，与会代表一致认为环境影响评价工作的先期介入有利于甘孜州旅游资源的合理开发。甘孜州旅游总体规划的实施具有显著的经济效益，能带动地方经济发展，改善当地基础设施，为地方社会经济发展提供新的机遇；同时，也对开发带来的相关环境及社会问题表示了担忧，一致希望能尽量减少旅游规划对环境的负面影响，妥善解决环境及社会问题，使旅游开发和生态环境、社会环境相互促进、协调发展，重视开发与保护之间的关系。与会代表共同关注的环保问题主要有生态环境、自然保护区、风景名胜区、民族宗教与文化等方面。

12.3.2.1 生态环境问题

随着甘孜州旅游开发，游客数量增加、景区景点建设运营、各项旅游活动的强度增强和范围增大势必会对规划区内水环境、环境空气和声环境质量等造成影响，同时也造成了固体废物污染。配套基础设施的施工建设如景区道路建设等，将造成水土流失等生态环境破坏。应对上述影响引起高度重视，注意区域生态环境的保护。

12.3.2.2 自然保护区、风景名胜区等问题

对所涉及的自然保护区、珍稀动植物以及风景名胜区等旅游资源，应遵循“开发与保护并重”的原则，一切从实际出发。特别对于贡嘎山、亚丁等国家级自然保护区，相关部门与会代表表示，旅游开发应加强对敏感区域生物多样性的保护，

并根据规划方案实施对环境的影响因素及其影响程度、范围，提出预防和减缓不利环境影响的措施和对策。

12.3.2.3 民族宗教与文化问题

因本规划涉及的区域属“康巴藏族”地区，藏文化底蕴浓厚，旅游开发过程中应充分尊重当地民族的风俗习惯及宗教信仰，结合景区景点开发，传承、发扬和保护当地民族文化。

12.4 公众参与意见落实情况

对于收集到的公众参与的意见和建议，尤其是环评重点及环境制约因素等问题，环评单位进行了充分考虑，并将其反映在环评报告相应章节。

对于公众提出的旅游规划的其他方面的建议，环评单位也进行了充分考虑，并从环保角度，提出了一系列规划环境保护对策及建议（详见第 10 章）：

（1）考虑到康定旅游区、泸定海螺沟旅游区与贡嘎山国家级自然保护区，稻城亚丁旅游区与亚丁国家级自然保护区在空间上存在着重叠关系，规划景区内的部分建设项目可能会涉及自然保护区的范围，建议在具体旅游区规划环评工作中，应对景区的规划范围与自然保护区的区位关系进行进一步的核实，根据核实的实际情况，提出相应的优化调整建议。

（2）对在国家重点风景名胜区核心景区进行的旅游建设项目，提出要严格遵守国家法律规定，避免规划与风景名胜资源保护和游览无关的建设项目。

（3）提出在项目建设及运营过程中，根据植物的特性及受影响程度的不同而采取不同的保护措施，保护区域生物多样性不受破坏。

（4）提出有效的游客管理和控制措施，尽量减少人为活动对区域环境的扰动。

对收集到的公众、政府机构以及相关单位其他方面的意见和建议，公众参与小组整理分析后，及时地反馈给规划编制单位。此外，本次公众参与的意见和建议也是今后具体旅游建设项目实施的参考依据之一。

12.5 小结及建议

12.5.1 小结

（1）公众个人。

① 被调查者均认为本次规划有利于甘孜州经济发展，均对规划的实施表示支持。

② 在旅游规划实施中，公众认为应充分重视区域生态保护。

③ 在旅游规划实施中，公众认为主要的环境问题是景区景点环境污染问题、区域生态环境质量下降、生物多样性下降等。

④ 在景区的运营期，公众更为关心旅游活动对当地环境的污染以及对民族宗教文化的冲击等方面的影响。

（2）有关单位。

① 建议本次环评能提出景区环境容量限制，以指导旅游总体规划的修编。

② 建议开发应尽量避开自然保护区，注意旅游规划与自然保护区规划的协调，不能违反法律法规的相关要求。

③ 建议旅游总体规划修编应紧密结合其他各行业规划，保持全州各行业规划的协调性和一致性。

④ 为有效保护环境，建议在具体工程施工和运营中要采取措施减少噪声、废水、固体废弃物对周围环境的影响。

⑤ 加强文物和宗教文化保护。

（3）政府部门。

① 甘孜州旅游规划有助于区域经济的发展，希望尽快实施，促进甘孜州的可持续发展。

② 稻城县生态环境脆弱，有 2 个国家级自然保护区。旅游、矿产作为甘孜州支柱产业，在开发过程中必定存在对生态环境的不利影响，应注意开发与环境保护的协调，能提出旅游与矿产资源协调开发的相关建议。

③ 在旅游总规的开发总体布局中，希望重点突出，加大对具有典型性的海螺沟、稻城亚丁等景区的开发力度。

12.5.2 建议

根据公众参与调查情况，提出以下建议：

（1）本规划的公众参与调查对具体旅游建设项目的实施具有参考作用，加强项目可研阶段的研究，进一步明确保护对象和保护措施。

（2）加强甘孜州旅游规划的宣传，提高规划编制过程的公众参与力度。

（3）加强旅游规划过程中生物多样性的保护和宣传工作。

13 综合评价结论及建议

本报告书为中国-欧盟生物多样性保护项目——《将生物多样性保护纳入战略环境影响评价》的子课题之一——《四川省甘孜藏族自治州旅游发展总体规划环境影响评价》的最终成果。按照原工作计划，课题应于2008年年底提交最终报告，但是由于2008年5月12日，四川省汶川县发生了里氏8.0级的特大地震灾害，原定工作计划被迫推迟。课题组在此情况下，按原定工作计划安排完成了对已有资料的收集和整理，并于2008年12月完成了课题报告书初稿。为了进一步深化研究内容，课题组部分成员于2009年4月对甘孜州旅游业发展现状及规划主要景区的生物多样性及环境保护工作进行了现场调研，并组织召开了3次公众参与座谈会，邀请了甘孜州相关单位参加。在此过程中，补充收集了甘孜州重要景区的相关资料。在此之后，课题组继续对报告书的初稿进行了补充完善，并于2009年9月在四川省成都市完成了报告书最终稿的汇总。现将本课题的主要结论归纳如下。

13.1 甘孜州旅游发展总体规划环境影响评价综合结论

13.1.1 甘孜州生物多样性现状

甘孜州地处青藏高原和四川盆地过渡地带，地形地貌复杂，区域内生境类型多样，物种资源丰富，是世界上自然生态最完整、气候垂直带谱与动植物资源垂直分布最多的地区之一，是中国重要的天然物种基因库。

根据区域内流域特点，将甘孜州分为金沙江、大渡河及雅砻江三个片区。其中金沙江片区共有维管束植物99科、321属、560种；大渡河片区共有维管束植物130科、466属、约722种；雅砻江片区共有维管束植物133科、515属、约857种。其中包含国家Ⅰ级保护植物7种，Ⅱ级保护植物8种。

动物资源中，金沙江片区有脊椎动物137种，其中两栖类7种，爬行类5种，鸟类100种，兽类25种；国家级保护动物有22种，其中Ⅰ级保护动物兽类和鸟类各1种，Ⅱ级保护动物20种，包括鸟类9种，兽类11种；没有国家和四川省规定保护的两栖类和爬行类。大渡河片区有脊椎动物 137 种，其中两栖类 7 种，爬行类 5 种，鸟类 100 种，兽类 25 种；国家级保护动物有 22 种，其中 I 级保护动物兽类和鸟类各 1 种，II 级保护动物 20 种，包括鸟类 9 种，兽类 11 种；没有国家和四川省规定保护的两栖类和爬行类。雅砻江片区有陆生脊椎动物 153 种，其中两栖类 2 目、5 科、8 属、8 种，爬行类 1 目、4 科、10 属、11 种，鸟类 13 目、34 科、71 属、100 种，兽类 7 目、20 科、28 属、34 种。

13.1.2 甘孜州旅游发展总体规划环境合理性评价结论

13.1.2.1 旅游环境容量合理性

甘孜州地处青藏高原东部横断山区，地域广阔，自然环境极其复杂，文化历史悠久，具有丰富的而且独具特色的自然景观和人文景观旅游资源。全州目前有国家级风景名胜区 1 处，国家级自然保护区 3 处，省级自然保护区 15 处，州级自然保护区 5 处，县级自然保护区 5 处，重要的自然生态区 20 处；国家级保护文物单位 2 处，省级文物保护单位 5 处，州级文物保护单位 53 处；已开放宗教寺庙 500 余座。

根据甘孜州旅游总体发展规划，划分了康东、康南和康北 3 个旅游片区及 9 个主要自然生态风景名胜区。根据甘孜州旅游环境承载力综合评价结果，总体上甘孜州旅游发展规划中设定的各阶段平均游客人数目标均小于本区域旅游环境承载力，因此规划的总体发展规模是合理的。但从康东旅游片区、康南旅游片区和康北旅游片区及各旅游景区的具体分析来看，其旅游环境容量合理性则存在一定区别。

（1）康东旅游片区。

按照旅游发展规划，本片区的康定、海螺沟等景区旅游环境容量完全可以满足平时的游客规模，且存在较大的裕量。但在旅游旺季及高峰期将发生旅游环境容量不满足要求的现象，尤其是游客最为集中的康定—跑马山—木格措—塔公自然生态区，目前已存在高峰期景区游客拥挤、接待能力不足的现象。

（2）康南旅游片区。

本片区各旅游区旅游环境容量在平时和高峰期基本都可以满足游客数量的要求，发展规模合理。但本片区较容易出现旅游淡季有过多接待设施闲置的问题。

（3）康北旅游片区。

本片区主要旅游景区为德格—新路海自然生态区，根据旅游环境容量分析结果，规划中本片区相关的旅游开发规模偏小，造成环境容量不足，不仅难以满足可能出现的旅游高峰期要求，按目前的规划水平推算，旅游环境容量不能满足 2015 水平年平时的游客增长需要。

13.1.2.2 空间布局合理性

甘孜州范围内各级自然保护区众多，旅游景区与自然保护区多有重叠，但根据旅游发展规划的要求，甘孜州旅游以发展生态旅游为目标，旅游开发可与自然保护区的功能协调一致。根据目前掌握的分区资料分析，各景区需进行的必要建设项目均未涉及自然保护区核心区和缓冲区，从旅游区与自然保护区等敏感区域的关系上分析，旅游规划的空间布局具有环境合理性。

13.1.3 生物多样性影响评价结论

（1）对规划区域景观生态体系的影响

对于规划的9个主要自然风景旅游区，主要的相关建设项目为各景区接待设施及部分旅游步道，相对整个景区其占用区域很小，对各景区目前的生物量水平不会产生明显影响。根据旅游规划，为保障旅游业的可持续发展，对景区生态环境尤其是植被、景观的保护力度还将进一步加强。因此，各旅游区总体上仍将保持目前较高的生物量水平，规划景区内的景观生态系统的恢复稳定性较强且不会受到明显影响。

根据对旅游规划实施后的2015年各旅游景区景观生态类型景观密度、景观频率、景观比例、景观优势度的数值计算结果，规划实施将明显增加人工斑块的景观频率，大部分天然植被斑块的景观优势度略有下降，但幅度很小；而城镇等人工斑块的景观优势度有一定增加，但增加幅度较小，且由于这些斑块面积很小，对区域的整体景观结构影响不大，原有的以灌丛和草甸为主的总体特征没有发生变化。规划实施对整个具有动态控制能力的植被组分影响较小，对自然景观体系中模地组分自身的异质化程度影响也不大。因此，在规划实施后的2015年，对甘孜州各旅游区及整个甘孜州的景观体系影响不大。

（2）对物种栖息地影响

旅游发展规划涉及各项目中，对栖息地的占用影响主要集中在各景区建设规划中的旅游中心楼、接待处、停车场等建筑修建和内外交通和游览道路建设用地。总体上这些设施建设占用的土地相对整个旅游区较小，但多较为集中。建设中占压和改变局部区域地表形态，将减少动植物的栖息地面积。同时，规划实施可能引发水土流失，从而导致动植物生境条件改变。随着旅游开发，游客、车辆及相关物资等大量进入旅游区，旅游区的部分区域有可能发生水质、大气和固体废弃物污染，从而对栖息地造成不利影响。

（3）对物种的影响

旅游发展中各项旅游活动的增加也会对陆生植物产生一定不利影响，主要表现在游客增加后，在游览中可能出现的一些不规范行为，以及由于人员、物资交流增多后外来物种入侵的风险。相对来说，旅游活动对陆生植物的影响程度更小，但可能影响的范围则较大。

旅游发展中各项建设活动对陆生动物的影响主要为建设期的惊扰和少量栖息地的破坏。各种陆生动物均有一定的迁徙能力，其中非两栖动物鸟类、兽类和爬行类迁徙能力均较强，两栖类迁徙能力则相对较弱、对湿地环境的依赖性较强，规划项目建设对其影响较大。但建设活动影响仅局限于较短的建设期内，总体上对陆生动物影响较小。同时，各类旅游道路在车辆、人员活动频繁时，将使陆生动物的生境产生分割，并影响动物的觅食和迁徙路线。

（4）生物多样性风险

旅游发展对本区域生物多样性带来的风险主要为外来物种入侵。由于甘孜州及规划旅游区域范围较广阔，具有多种多样的生态系统，因此也存在多种有害外来物种适宜生存繁殖的空间。甘孜州目前除主要城镇及交通道路附近外，大部分区域受自然条件和交通条件限制，其进入性较差，人类活动和进入的频率较低，通过人类活动有意引进和无意引进外来物种的可能性都很小。随着旅游开发程度的增强，游客、相关服务人员等外来人群的数量将明显增强，人类活动的范围也随着景区的开发而明显扩大，这些变化都将增加通过人类活动引进外来有害物种的风险。

13.1.4 综合结论

甘孜州作为我国生物多样性分布最为丰富的区域之一，生境类型多样，物种丰富，生物多样性保护意义重大。同时，区域内自然景观资源和人文景观资源丰富，旅游业发展具有较大的潜力。区域内旅游业的发展将会对区域内的生物多样性资源产生一定的影响，主要表现为在规划实施过程中，具体的旅游设施的建设对项目所在区域内可能存在的保护物种及栖息地造成一定的不利影响，以及随着旅游规划的进一步实施和旅游开发程度的增加，游客、相关服务人员等外来人群数量的增加，人类活动范围的扩大导致外来有害物种入侵的风险增大。

根据分析，规划的旅游景区与区域自然保护区在空间上多有重叠。但根据旅游发展规划的要求，甘孜州旅游以发展生态旅游为目标，旅游开发可与自然保护区的功能协调一致。根据目前掌握的分区资料分析，各景区需进行的必要建设项目均未涉及自然保护区核心区和缓冲区，从旅游区与自然保护区等敏感区域的关系上分析，旅游规划的空间布局具有环境合理性。

根据甘孜州旅游环境承载力综合评价结果，总体上甘孜州旅游发展总体规划中设定的各阶段平均游客人数目标均小于本区域旅游环境承载力，规划的总体发展规模较为合理，但部分景区旅游环境容量与规划目标存在着一定冲突，景区规划游客目标数超过了景区的旅游环境承载能力。

13.2 对下一步工作的建议

13.2.1 及时开展规划的修编工作

本次环境影响评价主要是针对 2000 年完成的《甘孜州旅游发展总体规划(2000—2015)》。通过本次评价工作，发现了该规划在实施过程中存在的一些问题，比如部分景区规划目标超过景区环境容量，部分景区的规划范围在空间上和自然保护区存在着一定的重叠，部分景区在开发过程中，环境保护基础设计的建设滞后等。而随着规划年限的逐渐接近以及我国即将开展“十二五”计划的编制工作，因此建议甘孜州政府有关部门应及时启动规划的修编工作，并建议在规划的修编工作中参考本次评价工作的主要成果，特别是在确定主要景区的规划目标时，应以本次评价的资源环境承载力研究成果为参考依据。规划修编时，也应同时开展规划环境影响评价工作，但可以在本次环评工作的基础上适当简化。

13.2.2 及时开展主要景区的规划编制及规划环评

本次规划环评工作通过现场调研，资料收集和公众参与，发现甘孜州规划的主要景区中，只有少部分景区编制了景区规划和规划环评报告书。而根据分析，甘孜州规划的旅游景区与区域内的自然保护区在空间上多有重叠，因此应及时开展规划的主要景区的规划编制工作。在编制工作中，应按国家有关的法律、法规要求，景区的规划范围和选址应避免与自然保护区在空间上发生冲突。在开展景区规划编制工作的同时，应按照 2009 年 10 月 1 日颁布实施的《规划环境影响评价条例》的要求，开展相应的规划环境影响评价工作。工作的重点内容应包括资源环境承载力分析、生物多样性影响评价、环境保护设施建设等。

13.2.3 开展区域生物多样性本底的调查和汇总

本次规划环评工作发现，由于甘孜州区域面积广大、地形复杂、交通不便，在较短的时间内完成区域生物多样的本底调查工作十分困难，因此，建议甘孜州政府应组织有关技术机构开展区域生物多样性本底的调查和汇总工作，建立涵盖全区域的生物多样性数据库，为区域内的生物多样性保护工作奠定基础。

13.2.4 及时完善已有景区的环境保护设施

对于目前开发程度较大的景区的环境保护设施建设，应加大投资力度，及时进行完善，以解决目前已经出现的环境保护设施与景区发展规模不相匹配的问题。重点是污水处理设施和固体废弃物的处置设施建设。

附录 1

甘孜州旅游资源开发情况汇总

序号	项目名称			建设地点	建设内容	建设期限	进展情况
	已建成	在建	拟建				
1		康定县城至木格措公路改造		康定县	31.2 km 旅游公路改造		已完成工程量的 9.57%
2			木格措景区公路安保工程	康定县	危险路段安装波形防护栏	2008 年	待北木公路改造完成后完善
3		雅哈（甲根坝一亚拢一玉龙西）旅游公路建设		康定县	50 km 景区公路	2007—2008 年	完成甲根坝乡启卡至亚弄路基加宽 6 km，下程子至玉龙西路基加宽 6 km
4			塔公景区供电建设	康定县	10～0.4kV 输电线路建设	2008 年	已完成项目建议书及初步概预算
5			木格措景区供电建设	康定县	10～0.4kV 输电线路建设	2008 年	已完成可研报告及概预算，已列入开行贷款计划待统一上报
6			甲根坝一雅哈景区供电建设	康定县	10～0.4kV 输电线路建设	2008 年	已进行了现场勘测

序号	项目名称			建设地点	建设内容	建设期限	进展情况
	已建成	在建	拟建				
7		跑马山景区改造升级		康定县	建转山道 1894 m 及东关亭、长廊、咏雪楼维修、白塔维修等	2007 年	第一期建设基本完成
8			塔公景区改造升级	康定县	新建跑马场、景区导示系统、停车场、观景台、景区步游道及环保设施	2007—2008 年	步游道、环保厕所列入开行贷款计划，可研报告初稿完成，待统一上报，招商引资正在加紧工作
9			塔公寺改造升级	康定县	维修寺庙，改造塔林，设立中、英、藏文标志牌说明牌及消防设施	2008 年	其中塔林的改造与现有文物保护政策有冲突，暂缓实施
10		木格措改造升级		康定县	增设观景平台、改造步游道、标志标牌、建立 3 处游客休息、餐饮设施	2007—2008 年	已增设观景台、步游道、供水工程、环保厕所、景区标志性大门及观景台等基础设施项目，已完成可研报告，待统一上报，招商引资正在加紧工作
11			新都桥“摄影天堂”布点建设	康定县	沿线设置观景和摄影平台、标志标牌	2007—2008 年	布点设计已完成
12			雅哈景区开发建设（观光项目）	康定县	按国际精品要求，搞好生态步游道、栈道、标志标牌、观景平台、游人休息、餐饮设施、山门、管理用房建设	2007—2008 年	已签订招商协议，启动道路设计、景区策划和规划工作
13			木格措停车场及观光开发	康定县	木格措售票站停车场建设、环保型旅游观光车购置、营运		停车场列入开行贷款计划，可研报告初稿完成，待统一上报，其余按规划加紧招商引资工作

序号	项目名称			建设地点	建设内容	建设期限	进展情况
	已建成	在建	拟建				
14	泸定桥景区一期工程			泸定县	纪念馆、纪念碑公园广场、游客急救中心建设等	2005年	已完成
15		泸定桥景区二期工程		泸定县	纪念碑公园改扩建、步游道、河西街整治、景区基础设施建设等	2007—2008年	开展前期工作，编制设计方案
16			岚安古镇景区开发	泸定县	景区开发及配套设施建设	2008—2010年	已编制项目建议书
17	猫子坪大桥			海螺沟		1999—2000年	
18	猫子坪至一号营地道路			海螺沟		1999—2000年	
19	海螺沟景区道路			海螺沟		1999—2000年	
20	金山饭店			海螺沟	住宿、餐饮、娱乐	1999—2001年	
21	银山大酒店			海螺沟	住宿、餐饮、娱乐	1999—2001年	
22	温泉度假村（二号营地）			海螺沟	住宿、餐饮、娱乐、温泉	1998—2000年	
23	雪域温泉酒店（一号营地）			海螺沟	住宿、餐饮、娱乐、温泉	1999—2002年	

序号	项目名称			建设地点	建设内容	建设期限	进展情况
	已建成	在建	拟建				
24	贡嘎神汤温泉度假村			海螺沟	住宿、餐饮、娱乐、温泉	2001—2003年	
25	索道公司			海螺沟	景区观光缆车	1999—2001年	
26	冰川饭店			海螺沟	住宿、餐饮、娱乐	1998—1999年	
27	长征大酒店			海螺沟	住宿、餐饮、娱乐	2000—2001年	
28	贡嘎宾馆			海螺沟	住宿、餐饮、娱乐	2000—2001年	
29	磨西饭店			海螺沟	住宿、餐饮、娱乐	1999—2000年	
30	康巴风情园			海螺沟	住宿、餐饮、娱乐	2001—2002年	
31	宏运宾馆			海螺沟	住宿、餐饮、娱乐	2001—2002年	
32	明珠花园酒店			海螺沟	住宿、餐饮、娱乐	1999—2000年	
33	观光公司			海螺沟	景区观光车	1999—2000年	
34	景区步游道			海螺沟	景区青石板沟、草海子步游道建设，老观景台—冰川步游道改造	2004—2007年	
35	磨西镇新老街拓宽工程			海螺沟	贡嘎大道 1 470 m 拓宽改造，磨西老街 485 m 改造	2004—2005年	
36	磨西镇亮化工程			海螺沟	镇区范围内的路灯安装建设	2003—2003年	
37	景区油路			丹巴县	道路建设	2 年	已完工

序号	项目名称			建设地点	建设内容	建设期限	进展情况
	已建成	在建	拟建				
38	宋达观景台			丹巴县	观景台	1年	已完工
39	景区油路			丹巴县	道路建设	2年	已完工
40	观景台			丹巴县	观景台	1年	已完工
41	步游道			丹巴县	步游道	1年	已完工
42			甲居步游道	丹巴县	步游道	1年	拟建
43			供排水	丹巴县	供排水	1年	拟建
44			标志牌	丹巴县	标志牌	1年	拟建
45			观景台	丹巴县	观景台	1年	拟建
46			步游道	丹巴县	步游道	1年	拟建
47			停车场	丹巴县	停车场	1年	拟建
48			梭坡大桥	丹巴县	桥梁	1年	拟建
49			观景台	丹巴县	观景台	1年	拟建
50			观景台	丹巴县	观景台	1年	拟建
51			标志牌	丹巴县	标志牌	1年	拟建
52			标志牌	丹巴县	标志牌	1年	拟建
53			标志牌	丹巴县	标志牌	1年	拟建
54			厕所	丹巴县	厕所	1年	拟建
55			标志牌	丹巴县	标志牌	1年	拟建
56			厕所	丹巴县	厕所	1年	拟建
57			厕所	丹巴县	厕所	1年	拟建
58			供排水	丹巴县	供排水	1年	拟建
59			标志性大门	丹巴县	大门	1年	

序号	项目名称			建设地点	建设内容	建设期限	进展情况
	已建成	在建	拟建				
60		伍须公路		九龙县	公路改建	2005—2007年	已完成约 10 km 水泥路面铺设
61		伍须景区山门		九龙县	山门、停车场等	2006—2007年	已完成主体工程建设
62		伍须海大酒店		九龙县	按四星级标准新建	2005—2008年	已完成主体工程建设
63			伍须海游客接待中心	九龙县	新建管理站、接待站等	2008—2009年	已完成规划设计工作
64			日鲁库景区观光栈道	九龙县	观光栈道	2008 年	已完成规划设计工作
65			伍须村、汤古村民居风貌打造	九龙县	民居外观形象统一规划设计	2008—2009年	准备开展规划工作
66			猎塔湖景区第一期开发	九龙县	公路改造、骡马驿道加宽和环卫设施、山门等新建	2007—2008年	准备 2007 年 7 月开工建设
67			八美旅游区基础设施建设工程（包括八美石林、惠远寺—甲洼绒群景区）	道孚县	①八美城镇标志性门楼。②石林景区停车场及环保厕所。③惠远寺停车场及环保厕所。④甲洼绒群停车场及环保厕所。⑤S215 线八康路 8 km 处至石林景区停车场四级公路。⑥石林景区 6 km 步游道。⑦惠远寺 4 km 步游道。⑧景区标志标牌	2007 年 1 月—2008 年 5 月	项目可研、环境影响、水土保持均已通过评审，项目用地预审、立项等前期工作正在进行中，拟定 7 月完成招投标进入施工阶段
68			四川省旅游西环线·八美旅游服务中心	道孚县	建集藏民居接待、休闲娱乐、旅游购物、信息咨询、紧急援救、维修租赁服务等为一体，既体现道孚民居建筑特色，又涵盖旅游“六要素”的四川省旅游西环线·八美旅游服务中心（含配套设施）	2007 年 5 月—2008 年 12 月	前期引资阶段

序号	项目名称			建设地点	建设内容	建设期限	进展情况
	已建成	在建	拟建				
69			惠远寺修善	道孚县	对惠远寺天庭、线路等进行修善，新建消防池	2007年1月—2008年5月	维修资金已到位，实施方案已经审批，拟定7月进入施工
70			八美旅游区详细性开发规划（策划）	道孚县	编制“四区一镇”详细性开发规划	2007年1—12月	前期招投标阶段
71			八美变色土石林地质公园开发	道孚县	① 在石林外围接待区建小型石林科教厅（游客于此即可了解石林的成因及地质演变和科普知识）、景区大门、停车场、环保厕所及附属设施。② 在石林公园观光旅游区建步道、观景台、帐篷接待点，设流动餐饮服务设施	2007年1月—2010年12月	已完成项目建议书，前期招商引资阶段
72			圣山之旅亚拉汽车露营营地	道孚县	① 在景区入口处及一号营地修建房车停靠场、帐篷露营场、简易式营地、营地管理中心等，并配套水、电、污水处理、卫生等基础设施。② 按照景区开发规划建设营地至景区的观览车道、步游道、马道、游人服务中心、停车场、环保厕所及附属设施	2007—2010年	已完成项目建议书，前期招商引资阶段（按《中国汽车露营营地建设标准》）
73			索道	稻城县	龙同坝—冲古寺（按设计），索道长2100m，上下高差250m左右，索道配套用房及上下站建设	2008—2009年	完成可研编制，正在完善环评工作
74		电瓶车道建设及电瓶车购置		稻城县	柳林—圣水门，长6km，路面宽4m，水泥路面，面积24000m^2，购置电瓶车30台	2007—2008年	目前已完成4km路基工程，11道涵洞

序号	项目名称			建设地点	建设内容	建设期限	进展情况
	已建成	在建	拟建				
75		观光车购置和停车场建设		稻城县	购置达到欧II排放标准的环保型观光车 40 台，20 座以上，一期购置 20 台	2007—2008 年	已购置 12 台
76		游步道（局部为栈道）		稻城县	柳林—圣水门栈道、洛绒牛场—哦绒措—丹增措—苏鲁丁垭口—仙乃日西坡—卓玛拉措，总长 50 km，宽 2 m，土石路面，防腐防滑木质栈道。一、二期各建设一半	2007—2008 年	栈道构件制作已完成 80%
77				稻城县	苏鲁丁垭口—卡斯峡谷口、苏鲁丁垭口—勒西措、卡斯峡谷口—卡斯村、亚丁村—郎措，总长 30km，宽 3m 左右。一、二期各建设一半	2006 年	苏卓段 12 km，龙洛段 13 km 已完成
78		旅游城镇道路管网建设		稻城县	在香格里拉乡、金珠镇建设城镇道路 7km，环镇公路 10km;给水、排水管网及三线下地;一、二期各一半	2007—2008 年	已完成管理埋设，路基开挖和回填，挡墙已基本完成
79		旅游服务站系统		稻城县	救助服务站 3 座，风雨亭 20 个，总建设面积 1 200 m^2	2007—2008 年	一座救助站基础已开挖完成
80		亚丁旅游沿线服务设施		稻城县	包括汽车维修站 10 处，生态厕所及海子山—亚丁观景点各 10 处，总建设面积 2 000 m^2。包括汽车维修设备、向导车	2007—2008 年	已完成 4 座公共厕所工程，两座公共厕所基础开挖，两个观景台基础工程
81		供电工程		稻城县	唐古—亚丁 35 kV 电缆架空 25km 及配电台区，亚丁—洛绒牛场 10 kV 电缆埋地 15km 及配电台区	2007 年	35 kV 线工程已完成，10 kV 地埋线路工程管沟开挖已完成
82			茶洛民族风情村	巴塘县	景区入口标志、旅游观光车停靠站、旅游服务站、民俗活动场地、服务点、民居改造与新建、白塔观景台、民族景观小品、溪谷整治与景观营造、游人步道、滨河休闲设施		

序号	项目名称			建设地点	建设内容	建设期限	进展情况
	已建成	在建	拟建				
83			修复章德草原入口处桥为主的4处桥梁	巴塘县			
84			热坑沸泉景区建设	巴塘县	旅游观光车停靠站、游人步道（草坝）、观景摄影点、观光休憩木屋、游人栈道及观景栈台、热澡塘、沸瀑锅、仙气泉、观音莲台泉、环保厕所及垃圾箱、环境营造		
85			小草坝景区建设	巴塘县	旅游服务点、游人步道、马道、休憩点和环保厕所、生态营地及设施建设		
86	理塘长青春科尔寺配套设施			理塘县	大殿、厕所等		已完成
87	格聂景区旅游道路以及格聂景区的民居接待等旅游基础设施			理塘县	景区道路、民居等		已完成
88			格聂景区油路81km	理塘县	油路	2007年	2007年开工建设20km，以后逐年实施
89			阿须格萨尔故里旅游景区综合开发	德格县	道路、车辆、供电、供水、通信、垃圾处理、住宿、公共设施等	2015年	完成规划

序号	项目名称			建设地点	建设内容	建设期限	进展情况
	已建成	在建	拟建				
90			民族手工业文化旅游产品开发园区建设	德格县	民族工艺品、各类旅游纪念品、特色产品	2012 年	完成规划
91			新路海（玉隆拉措）景区基础设施综合开发	德格县	水、电、路、桥、房屋、伐道等建设	2012 年	建议书
92			印经院“申遗”工程	德格县	向联合国进行申报	2014 年	建议书
93			印经院《甘珠尔》经版拯救刻版工程	德格县	对残损的经文进行抢救性补刻	2011 年	建议书
94			格萨尔博物馆建设	德格县		2009 年	建议书
95			中国德格藏族雕版印刷博物馆建设	德格县		2009 年	建议书

附录 2

甘孜州旅游开发总体规划公众参与调查表

被调查人姓名：＿＿＿＿＿＿＿＿ 性别：＿＿＿＿ 年龄：＿＿＿民族：＿＿＿＿＿＿＿

文化程度：＿＿＿＿＿ 职业：＿＿＿＿＿住址或单位：＿＿＿＿＿＿＿＿＿＿＿＿＿＿＿＿

规划概况：

本次甘孜州旅游开发总体规划最终目标是在 2015 年前后，将甘孜州建成四川省和中国推向全国和世界旅游市场的“生态旅游和自然资源以及康巴文化旅游目的地”；将甘孜州培育成甘孜州第三产业的龙头产业，并成为全州第一大支柱产业。

甘孜州旅游开发总体结构为：以康定城为旅游中心支撑点，建设“一环线二干线”的旅游交通网络，康定和理塘两大旅游枢纽，康巴风情与生态观光度假旅游区等三个旅游片区。打造磨西镇、康定、德格和稻城亚丁四个主要旅游目的地，开发贡嘎山—海螺沟冰川公园、康定—木格措—塔公自然生态区、稻城—亚丁自然生态区等九个主要自然生态风景名胜旅游区。

总体规划主要包括各旅游片区和景区开发建设、交通发展、接待设施、供电与给水、医疗卫生与废污处理规划等，同时在区域生态环境保护、自然和人文景观保护等方面进行了旅游开发环境保护建设规划。

主要有利环境影响：

本规划符合甘孜州产业结构调整和《四川省旅游发展总体规划》的要求，规划的实施可极大促进甘孜州旅游资源的合理开发，带动地区社会与经济发展，提高当地人民生活水平。以旅游业为支柱产业有利于实现地区经济的可持续发展，也可促进区域生态环境保护。

主要不利环境影响：

景区景点开发、接待设施、交通道路、各配套设施的建设中，对各局部区域的环境质量将造成临时的不利影响；规划实施后，随着游客人数的增加和旅游活动范围的扩大，将增大对区域环境的压力，如果超出本区域环境承载力，将会对区域生态环境质量、生物多样性、独特的康巴藏族人文环境等方面造成一定不利影响。因此，在规划中针对不同发展阶段确定恰当的旅游开发区域和开发规模显得尤为重要。

一、请选择（在您认为合适的选项□中打“√”如需补充说明，请在下面的空格中填写）
1. 您认为本规划的必要性？ □十分必要 □有必要 □无所谓 □不必要
2. 您对目前甘孜州各主要旅游区和旅游景点的环境现状是否满意？ □很满意 □较满意 □不满意 □很不满意
3. 您认为加强旅游开发对甘孜州经济发展的影响如何？ □有利 □不利 □无影响
4. 您认为加强旅游开发对甘孜州民族宗教文化的影响如何？ □有利 □不利影响但可以通过措施弥补 □不可弥补的不利影响 □无影响
5. 您认为加强旅游开发对甘孜州自然生态环境的影响如何？ □有利 □不利影响但可以通过措施弥补 □不可弥补的不利影响 □无影响
6. 您认为旅游开发会给甘孜州生物多样性造成什么影响？ □有利 □较小的不利影响 □较大的不利影响 □无影响
7. 您认为旅游开发对甘孜州水资源、土地资源、林业资源等资源的保护利用有什么影响？ □有利 □较小的不利影响 □较大的不利影响 □无影响
8. 您认为加强旅游开发对您的生活质量会造成什么影响？ □会有所提高 □会有所降低 □无影响
9. 您认为目前甘孜州旅游资源的开发程度为： □开发过度 □开发不足 □已达到恰当程度
10. 您认为2008年发生的“5·12”大地震等突发事件对甘孜州的旅游业造成什么影响？ □明显萎缩 □有所发展 □无明显影响
11. 您认为旅游开发规划实施带来的主要环境问题是（可多选）？ □旅游景区景点环境污染 □区域生态环境质量下降 □不利于自然保护区建设 □生物多样性下降 □影响本地民族宗教文化 □公共服务设施资源紧张 □其他（请填写）：
12. 您对本规划持何种态度： □支持 □不支持 □无所谓
二、您对甘孜州旅游开发总体规划矿产资源总体规划的建议和要求是什么？

附录3
甘孜州旅游、矿产开发总体规划环境影响评价工作座谈会会议纪要（康定）

为了更好地开展甘孜州旅游、矿产开发总体规划环境影响评价项目工作，2009年4月20日在甘孜州康定县召开了甘孜州旅游、矿产开发总体规划环境影响评价工作座谈会。会议由甘孜州政府副秘书长曲梅主持，并得到甘孜州政府、人大、政协领导的关心和支持。参加会议的单位及代表有：环境保护部环境工程评估中心、四川省环境工程评估中心、甘孜州政府、州发改委、旅游局、环保局、水利局、交通局、国土局、林业局、规划建设局、中国水电顾问集团成都勘测设计研究院。

会议期间，评价工作单位介绍了甘孜州旅游、矿产开发总体规划、环评工作情况及规划环境影响评价的主要内容，当地各部门介绍了本地区旅游、矿产规划和开发现状。与会代表在了解旅游、矿产开发总体规划及其环境影响评价的相关信息后，经过热烈的讨论，就旅游、矿产规划与相关规划的协调性、规划实施可能产生的环境问题以及环境保护措施提出了相应意见和建议，评价工作单位对各部门提出的问题进行了认真回答和解释，形成会议纪要如下：

（一）对旅游、矿产规划环评工作的一致意见

1．与会代表对评价单位的工作给予了充分的肯定。一致认为环境影响评价工作的先期介入有利于甘孜州旅游、矿产等资源的合理开发。

2．与会代表一致认为，甘孜州旅游、矿产开发总体规划环境影响报告书草案内容全面、基础资料掌握详细、评价方法和指标合理、影响预测内容客观、环境保护措施体系具有针对性，对指导环境保护工作，确保甘孜州旅游、矿产开发与环境保护的协调发展具有十分重要的意义。

（二）意见和建议

1．评价工作重点不要停留在旅游景区详规的评价层次，建议重点以整体性、全局性和宏观控制性为主要原则进行环境影响评价。

2．建议本次环评能提出景区环境容量限制，以指导旅游总规的修编。

3．虽然旅游开发的环境影响没有水电、矿产开发环境影响大，但仍然存在不利环境影响，建议结合最新风景名胜区管理条例，重点进行旅游、矿产总体规划对风景名胜区的影响评价。

4．把环境影响最小化作为整个环境保护工作的目标；甘孜州境内有不少国家级、省级等多个级别自然保护区，开发应尽量避开自然保护区，注意旅游、矿产规划与自然保护区规划的协调，不能违反法律法规的相关要求。

5. 景区道路建设是旅游景区开发的必要条件，但不可避免产生不利环境的影响，希望能重点评价旅游总规划中景区交通规划的环境影响及保护措施。

6. 建议在充分调查的基础上，将现有旅游景区、矿产开发区存在的环境问题作为环评工作的基础和指导，分类制定原则性的环境保护措施体系；分建设期和运行期分别提出环境保护目标和措施体系。

7. 甘孜州是地质灾害多发区，注意项目阶段必须完成“地质环境影响报告”；自然保护区与旅游、矿产资源开发有一些矛盾，规划方应把握好资源开发与环境保护的关系。

8. 旅游、矿产总体规划修编应紧密结合其他各行业规划，保持全州各行业规划的协调性和一致性。

（三）对意见和建议的反馈

对于与会代表提出的问题，评价工作单位尽量给予了详细的回答，并将在《甘孜州旅游开发总体规划环境影响报告书》和《甘孜州矿产开发总体规划环境影响报告书》中对代表们关心的问题给予进一步回答和解决。同时，在规划及实施过程中，将严格按照有关环境影响评价法律法规和技术要求开展环境影响评价工作，客观、公正、科学地反映规划的环境影响，为决策部门提供依据。

同时，环评单位希望甘孜州相关部门提供如下资料：

1. 提供最新的旅游、矿产总体规划文本及图件。

2. 甘孜州各级自然保护区、饮用水源保护区、风景名胜区、森林公园、地质公园、文物古迹等敏感区域的总体规划和有关图件。

3. 甘孜州旅游、矿产资源重点开发区域的开发现状、环评执行情况、现有环境保护设施建设情况。

2009年4月20日

附录4
甘孜州旅游、矿产开发总体规划环境影响评价工作座谈会会议纪要（稻城）

为了更好地开展甘孜州旅游、矿产开发总体规划环境影响评价项目工作，2009年4月23日在甘孜州稻城县召开了甘孜州旅游、矿产开发总体规划环境影响评价工作座谈会。会议由稻城县县委组织部部长拥措主持，并得到稻城县人大、政府、政协领导的关心和支持。参加会议的单位及代表有：环境保护部环境工程评估中心、四川省环境工程评估中心、稻城县政府、县发改委、规划和建设环保局、旅游文化局、亚丁管理局、水利局、交通局、国土资源局、林业局、统计局、中国水电顾问集团成都勘测设计研究院。

会议期间，评价工作单位介绍了甘孜州旅游、矿产开发总体规划、环评工作情况及规划环境影响评价的主要内容，当地各部门介绍了本地区旅游、矿产规划和开发现状。与会代表在了解旅游、矿产开发总体规划及其环境影响评价的相关信息后，经过热烈地讨论，就旅游、矿产规划与相关规划的协调性、规划实施可能产生的环境问题以及环境保护措施提出了相应意见和建议，评价工作单位对各部门提出的问题进行了认真回答和解释，形成会议纪要如下：

（一）对旅游、矿产规划环评工作的一致意见

1．与会代表对评价单位的工作给予了充分的肯定。一致认为环境影响评价工作的先期介入有利于甘孜州旅游、矿产等资源的合理开发。

2．与会代表一致认为，甘孜州旅游、矿产开发总体规划环境影响报告书草案内容全面、基础资料掌握详细、评价方法和指标合理、影响预测内容客观、环境保护措施体系具有针对性，对指导环境保护工作，确保甘孜州旅游、矿产开发与环境保护的协调发展具有十分重要的意义。

（二）意见和建议

1．重视在旅游、矿产开发过程中对自然保护区等重要生态功能区的影响；环保措施体系应充分、全面，包括对民族宗教文化的保护、生态环境修复措施；据此对甘孜州旅游、矿产开发总体规划的修编提供合理化建议。

2．旅游、矿产开发是全州开发重点，两个总体规划的修编应注意与其他行业规划的协调性与一致性，同时也应注意与各个县旅游、矿产规划的衔接；旅游、矿产开发中应重视与当地社会经济共同协调发展，与群众利益共享，并重视对当地民族宗教文化的尊重与保护工作。

3．应改变矿产粗放式开发、小规模开发等不合理开发方式，避免对环境的不利影响；注意开发时序、开发强度的环境合理性分析，重视矿产开发的环境保护措施落实到位的管理问题。

4．稻城县生态环境脆弱，有2个国家级自然保护区，矿产、旅游作为甘孜州支柱产业，在开发过程中必定存在对生态环境的不利影响，应注意开发与环境保护的协调，希望能提出矿产与旅游资源协调开发的相关建议。

5．在旅游总体规划的开发总体布局中，希望重点突出，加大对稻城亚丁的开发力度。

（三）对意见和建议的反馈

对于与会代表提出的问题，评价工作单位尽量给予了详细的回答，并将在《甘孜州旅游开发总体规划环境影响报告书》和《甘孜州矿产开发总体规划环境影响报告书》中对代表们关心的问题给予进一步回答和解决。同时，在规划及实施过程中，将严格按照有关环境影响评价法律法规和技术要求开展环境影响评价工作，客观、公正、科学地反映规划的环境影响，为决策部门提供依据。

同时，环评单位恳请稻城县相关部门提供如下资料：

1．稻城县旅游总体规划、稻城亚丁旅游区等各个旅游区总体规划及相关图件。

2．稻城县各级自然保护区、风景名胜区、森林公园、地质公园、饮用水源保护区、文物古迹、宗教设施等敏感区域的总体规划和有关图件。

3．稻城县旅游资源重点开发区域的开发现状、环评执行情况、基础设施建设情况、主要环境问题及环境保护设施情况。

2009年4月23日

附录5
甘孜州旅游、矿产开发总体规划环境影响评价工作座谈会会议纪要（泸定）

为了更好地开展甘孜州旅游、矿产开发总体规划环境影响评价项目工作，2009年4月24日在甘孜州泸定县召开了甘孜州旅游、矿产开发总体规划环境影响评价工作座谈会。会议由泸定县政府副县长主持，并得到泸定县政府、人大、政协领导的关心和支持。参加会议的单位及代表有：环境保护部环境工程评估中心、四川省环境工程评估中心、泸定县政府、县发改委、旅游局、环保局、水利局、交通局、国土局、林业局、规划建设局、中国水电顾问集团成都勘测设计研究院。

会议期间，评价工作单位介绍了甘孜州旅游、矿产开发总体规划、环评工作情况及规划环境影响评价的主要内容，当地各部门介绍了本地区旅游、矿产规划和开发现状。与会代表在了解旅游、矿产开发总体规划及其环境影响评价的相关信息后，经过热烈地讨论，就旅游、矿产规划与相关规划的协调性、规划实施可能产生的环境问题以及环境保护措施提出了相应意见和建议，评价工作单位对各部门提出的问题进行了认真回答和解释，形成会议纪要如下：

（一）对旅游、矿产规划环评工作的一致意见

1. 与会代表对评价单位的工作给予了充分的肯定。一致认为环境影响评价工作的先期介入有利于甘孜州旅游、矿产等资源的合理开发。

2. 与会代表一致认为，甘孜州旅游、矿产开发总体规划环境影响报告书草案内容全面、基础资料掌握详细、评价方法和指标合理、影响预测内容客观、环境保护措施体系具有针对性，对指导环境保护工作，确保甘孜州旅游、矿产开发与环境保护的协调发展具有十分重要的意义。

（二）意见和建议

1. 道路建设、水电设施等基础设施作为甘孜州旅游、矿产开发的必要条件，建议将配套规划（如旅游公路“新三”公路、泸定—海螺沟景区隧洞交通工程）纳入甘孜州旅游、矿产总体规划。

2. 建议将“泸定桥红色旅游区”“二郎山省级森林公园”“大熊猫栖息地”的旅游开发及环境保护等相关内容纳入甘孜州旅游总体规划。

3. 矿产资源开发的环保管理压力较大，泸定县生态脆弱，生态恢复较慢，希望能给基层环保管理人员提供具有可操作性的管理办法。

4. 建议将植被保护与恢复措施、民族宗教文化的保护、森林防火措施、国民环保意识教育等措施作为甘孜州旅游、矿产总体规划环境保护的重点。

5. 旅游、矿产资源开发不能违反法律法规的相关要求，建议控制景区内酒店的数量和规模，严格禁止景区内矿产资源开发。

6. 泸定县矿点多、开发潜力小，建议矿产总规划将小项目进行整合，在保护环境的前提下，推动泸定县经济发展、社会进步。

（三）对意见和建议的反馈

对于与会代表提出的问题，评价工作单位尽量给予了详细的回答，并将在《甘孜州旅游开发总体规划环境影响报告书》和《甘孜州矿产开发总体规划环境影响报告书》中对代表们关心的问题进一步给予回答和解决。同时，在规划及实施过程中，将严格按照有关环境影响评价法律法规和技术要求开展环境影响评价工作，客观、公正、科学地反映规划的环境影响，为决策部门提供依据。

同时，环评单位希望甘孜州相关部门提供如下资料：

1. 泸定县旅游总体规划、红色旅游区等旅游区总体规划及相关图件。

2. 泸定县矿产总体规划、矿区总体规划及相关图件。

3. 泸定县各级自然保护区、风景名胜区、森林公园、地质公园、饮用水水源保护区、文物古迹、宗教设施等敏感区域的总体规划和有关图件。

4. 甘孜州旅游、矿产资源重点开发区域的开发现状、环评执行情况、基础设施建设情况、主要环境问题及环境保护设施情况。

2009 年 4 月 24 日

附录 6

甘孜州矿产、旅游开发总体规划环境影响评价工作座谈会会议纪要（丹巴）

为了更好地开展甘孜州矿产、旅游开发总体规划环境影响评价项目工作，2009年5月20日在甘孜州丹巴县召开了甘孜州矿产、旅游开发总体规划环境影响评价工作座谈会。会议由甘孜州环保局杨忠林副主任主持。参加会议的单位及代表有：环境保护部环境工程评估中心、四川省环境工程评估中心、甘孜州环保局、丹巴县发展和改革委员会、环保局、文化旅游局、建设国土资源局、林业局、交通局、水利局、移民局、丹巴美河矿业有限责任公司、中国水电顾问集团成都勘测设计研究院。

会议期间，评价工作单位介绍了甘孜州矿产、旅游开发总体规划、环评工作情况及规划环境影响评价的主要内容，当地各部门及矿业企业代表介绍了本地区矿产、旅游规划和矿产开发现状。与会代表在了解矿产、旅游开发总体规划及其环境影响评价的相关信息后，经过热烈地讨论，就矿产、旅游规划与相关规划的协调性、规划实施可能产生的环境问题以及环境保护措施提出了相应意见和建议，评价工作单位对各部门提出的问题进行了认真回答和解释，形成会议纪要如下：

（一）对矿产、旅游规划环评工作的一致意见

1．与会代表对评价单位的工作给予了充分的肯定。一致认为环境影响评价工作的先期介入有利于甘孜州矿产、旅游等资源的合理开发。

2．与会代表一致认为，甘孜州矿产、旅游开发总体规划环境影响报告书中间成果内容全面、基础资料掌握较详细、影响预测内容客观、环境保护措施体系具有针对性，对指导环境保护工作，确保甘孜州矿产、旅游开发与环境保护的协调发展具有十分重要的意义。

（二）意见和建议

1．矿产、旅游和水电作为丹巴县乃至整个甘孜州的主要支柱产业，在当地社会经济的持续稳定发展中均具有重要意义。但在近期的开发建设中本地区上述各产业的发展存在一定的矛盾，建议在矿产和旅游规划环评中进一步加强与各相关行业规划的协调性分析，从规划层次协调各行业的良性发展。

2．建议从规划环评角度加强对各项环境保护措施，尤其是矿产开发环保措施的后期监管与督导工作的重视，在规划环评报告中提出对环保后期监管的要求和建议。

3．建议结合自然保护区和风景名胜区管理条例，重点进行矿产、旅游总体规划对自然保护区、风景名胜区等敏感区域的影响评价，注意矿产、旅游规划与自然保护区规划的协调，不能违反法律法规的相关要求。

4．建议在充分调查的基础上，将现有矿产开发区、旅游景区存在的环境问题作为环评工作的基础和指导，分类制定原则性的环境保护措施体系；分建设期和运行期分别提出环境保护目标和措施体系。

5．甘孜州范围较大，各地旅游资源具有不同的特点，建议规划方在旅游规划修编中进一步突出各区域旅游开发的优势和特点，促进旅游产业快速发展。

（三）对意见和建议的反馈

对于与会代表提出的问题，评价工作单位尽量给予了详细的回答，并将在《甘孜州矿产开发总体规划环境影响报告书》和《甘孜州旅游发展总体规划环境影响报告书》中对代表们关心的问题进一步给予回答和解决。同时，在规划及实施过程中，将严格按照有关环境影响评价法律法规和技术要求开展环境影响评价工作，客观、公正、科学地反映规划的环境影响，为决策部门提供依据。

同时，环评单位希望丹巴县相关部门提供如下资料：

1．提供最新的矿产、旅游总体规划文本及图件。

2．县境涉及的各级自然保护区、饮用水水源保护区、风景名胜区、森林公园、地质公园、文物古迹等敏感区域的总体规划和有关图件。

3．丹巴县矿产、旅游资源重点开发区域的开发现状、环评执行情况、现有环境保护设施建设情况。

2009年5月20日

附录7
甘孜州矿产、旅游开发总体规划环境影响评价工作座谈会会议纪要（九龙）

为了更好地开展甘孜州矿产、旅游开发总体规划环境影响评价项目工作，2009年5月22日在甘孜州九龙县召开了甘孜州矿产、旅游开发总体规划环境影响评价工作座谈会。会议由甘孜州环保局杨忠林副主任主持，参加会议的单位及代表有：环境保护部环境工程评估中心、四川省环境工程评估中心、甘孜州环保局、九龙县发展和改革委员会、国土资源和环保局、文化旅游局、林业局、交通局、规划和建设局、九龙山盛公司、中国水电顾问集团成都勘测设计研究院。

会议期间，评价工作单位介绍了甘孜州矿产、旅游开发总体规划、环评工作情况及规划环境影响评价的主要内容，当地各部门及矿业企业代表介绍了本地区矿产、旅游规划和矿产开发现状。与会代表在了解了矿产、旅游开发总体规划及其环境影响评价的相关信息后，经过热烈地讨论，就矿产、旅游规划与相关规划的协调性、规划实施可能产生的环境问题以及环境保护措施提出了相应意见和建议，评价工作单位对各部门提出的问题进行了认真回答和解释，形成会议纪要如下：

（一）对矿产、旅游规划环评工作的一致意见

1．与会代表对评价单位的工作给予了充分的肯定。一致认为环境影响评价工作的先期介入有利于甘孜州矿产、旅游等资源的合理开发。

2．与会代表一致认为，甘孜州矿产、旅游开发总体规划环境影响报告书中间成果内容全面、基础资料掌握较详细、影响预测内容客观、环境保护措施体系具有针对性，对指导环境保护工作，确保甘孜州矿产、旅游开发与环境保护的协调发展具有十分重要的意义。

（二）意见和建议

1．矿产、旅游和水电作为九龙县乃至整个甘孜州的主要支柱产业，在当地社会经济的持续稳定发展中均具有重要意义。但在近期的开发建设中本地区上述各产业的发展存在一定的矛盾，建议在矿产和旅游规划环评中进一步加强与各相关行业规划的协调性分析，从规划层次协调各行业的良性发展。

2．甘孜州生物多样性较丰富，建议在矿产和旅游规划环评中加强对物种分布的调查研究，对规划涉及区域的珍稀特有物种采取有针对性的保护措施。

3．建议在矿产开发总体规划环评中通过现场调查及相关问题的研究，从规划和产业政策要求层次对矿产开发中对环境的不利影响较严重的各类环境污染问题提出有效的对策措施。

4．甘孜州旅游开发与生态及生物多样性保护是相辅相成的两项工作，建议在旅游开发过程中注重开发效益与生态保护的相互支撑，同时加强对本地物种的保护利用和对外来有害物种侵入的防范。

5．建议在总体规划修编中通过收集各分区、各县相关规划工作信息及与地方加强沟通等方法，使地方规划及具体矿产区、旅游景区工作中的一些较好的思路、优化建议和行之有效的方法在总体规划中有所反映。

6．甘孜州是地质灾害多发区，总体规划及规划环评中应要求各具体项目实施阶段必须完成“地质灾害危险性评估报告”，对地质灾害的调查和防范加以足够重视。

（三）对意见和建议的反馈

对于与会代表提出的问题，评价工作单位尽量给予了详细的回答，并将在《甘孜州矿产开发总体规划环境影响报告书》和《甘孜州旅游发展总体规划环境影响报告书》中对代表们关心的问题进一步给予回答和解决。同时，在规划及实施过程中，将严格按照有关环境影响评价法律法规和技术要求开展环境影响评价工作，客观、公正、科学地反映规划的环境影响，为决策部门提供依据。

同时，环评单位希望九龙县相关部门提供如下资料：

1．提供最新的矿产、旅游总体规划文本及图件。

2．县境涉及的各级自然保护区、饮用水水源保护区、风景名胜区、森林公园、地质公园、文物古迹等敏感区域的总体规划和有关图件。

3．九龙县矿产、旅游资源重点开发区域的开发现状、环评执行情况、现有环境保护设施建设情况。

2009年5月22日

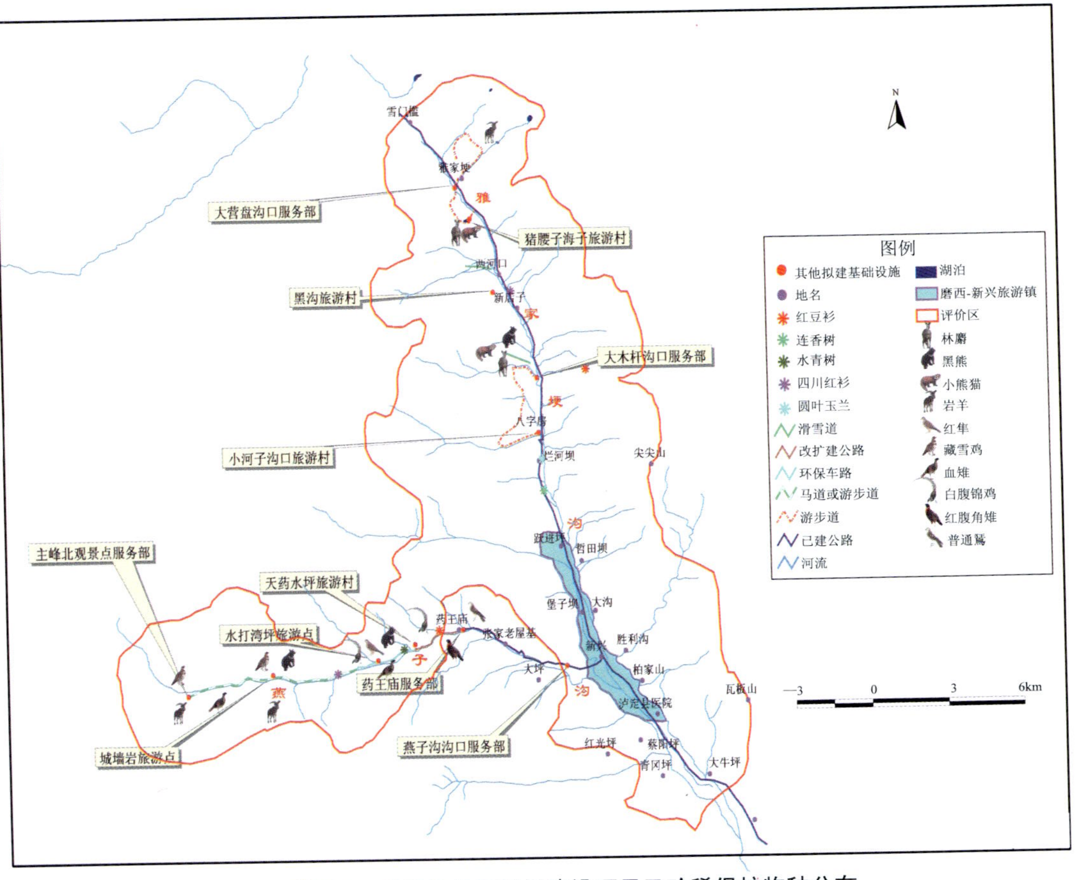

附图 1　燕子沟景区规划建设项目及珍稀保护物种分布

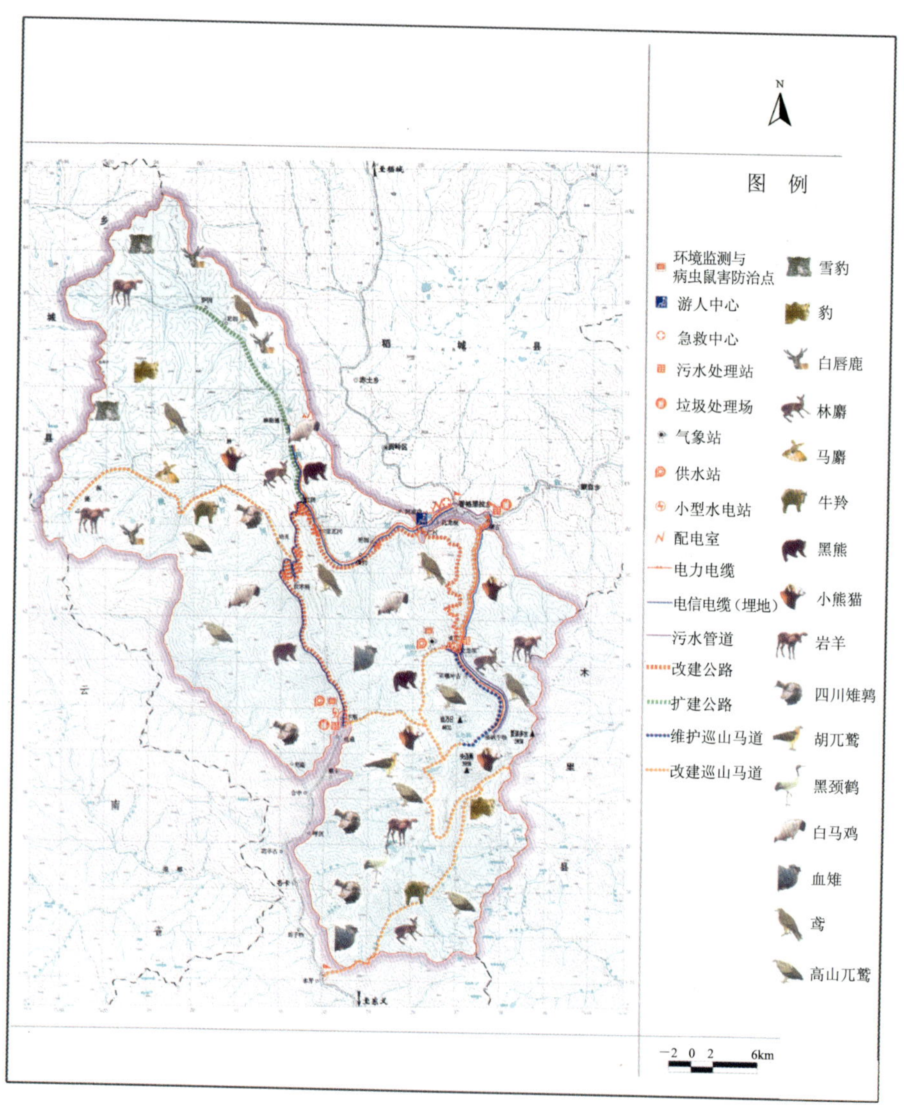

附图 2　稻城亚丁景区规划建设项目及珍稀保护物种分布

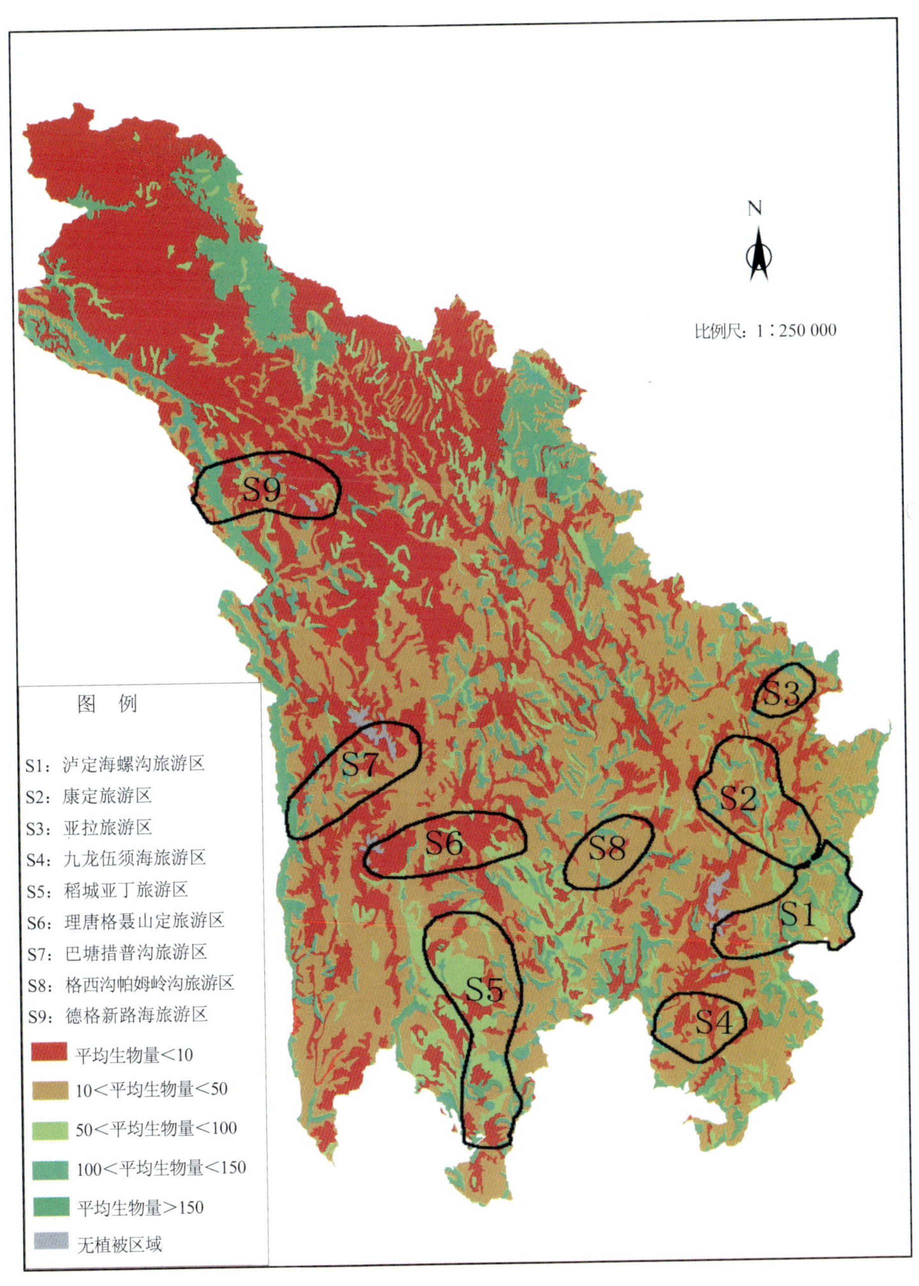

附图 3　甘孜州规划旅游区植被平均生物量

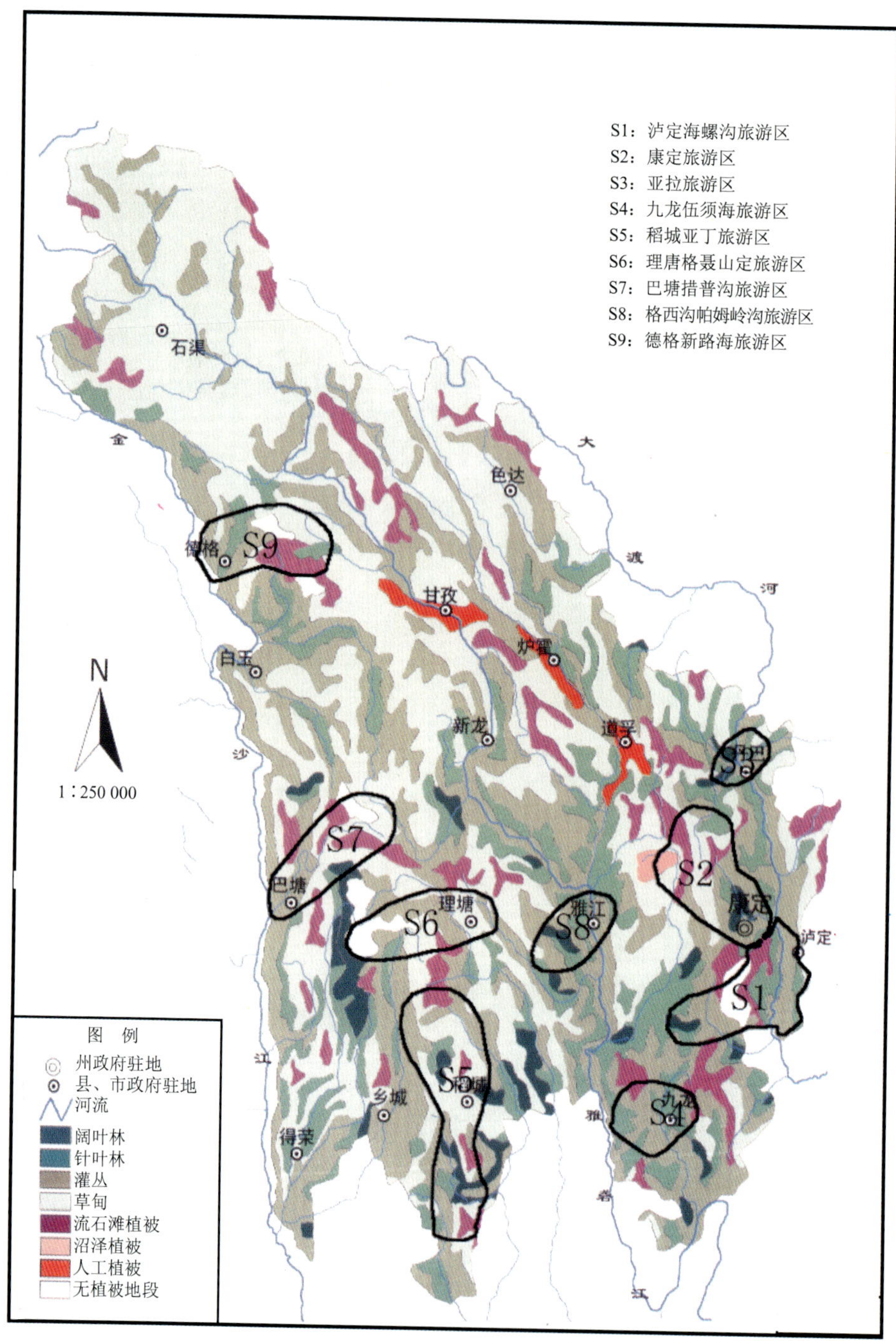

附图4 甘孜州规划旅游区植被类型

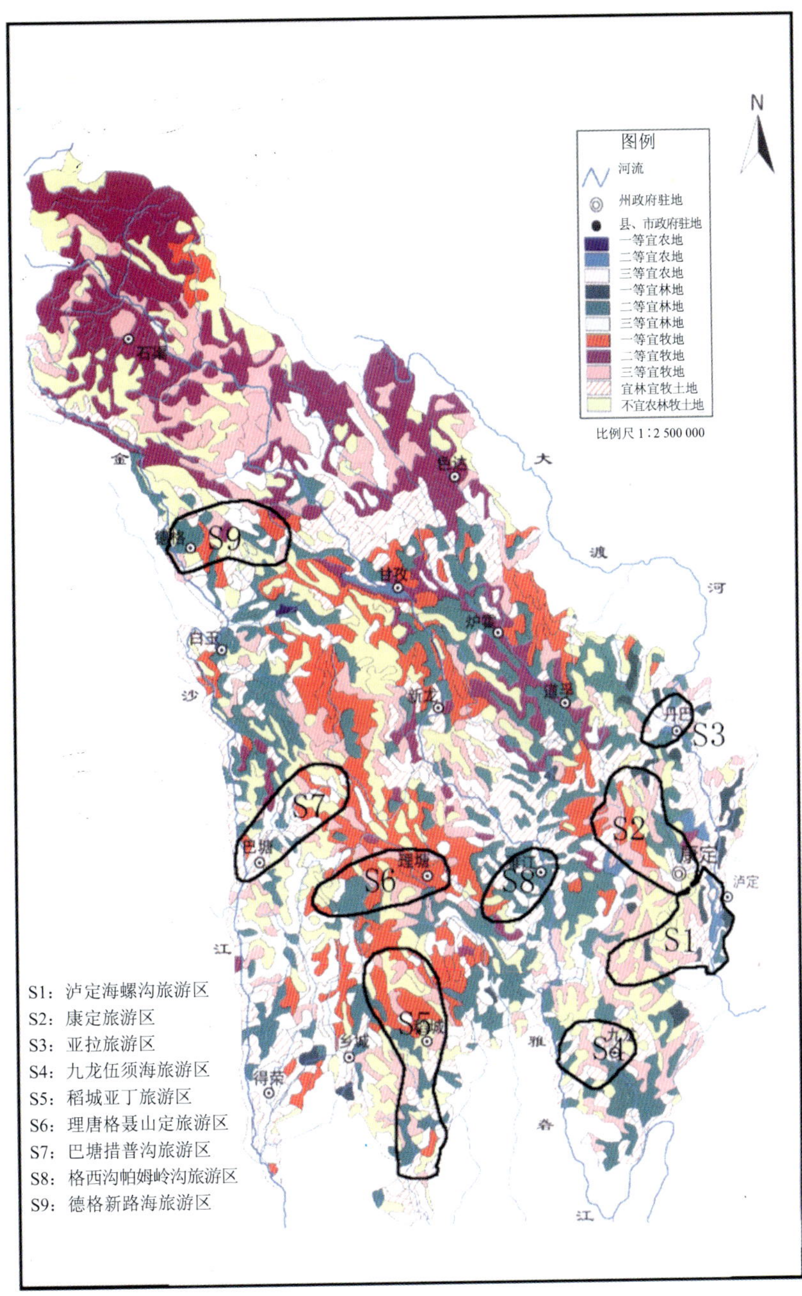

附图 5　甘孜州规划旅游区土地利用关系

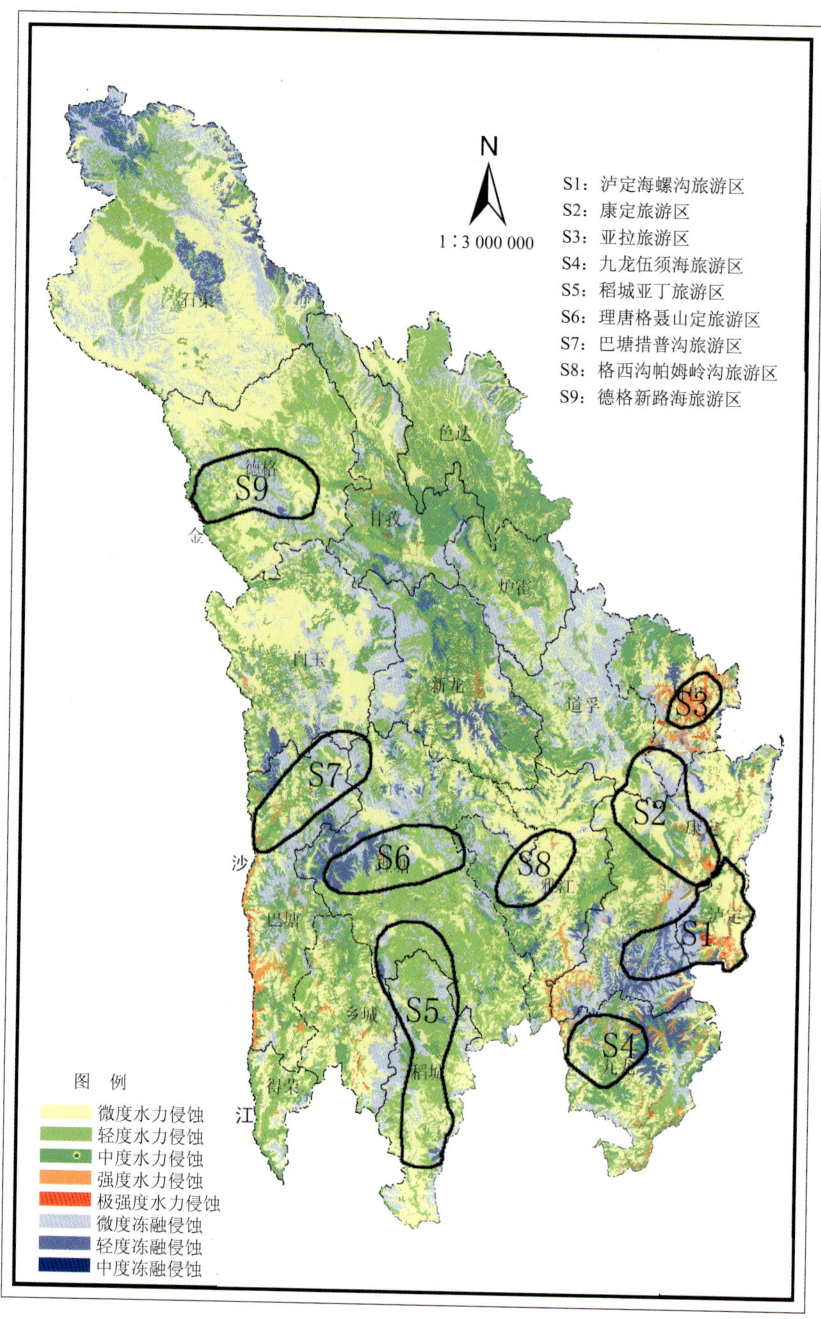

附图6 甘孜州规划旅游区水土流失关系